设施农业技术系列丛书 丛书主编 周长吉

温室透光覆盖材料

 选择与应用

何 芬◎主编

U0380920

中国农业出版社

农村读物出版社

北 京

编写人员

丛书主编 周长吉

本书主编 何　芬

本书参编 司长青　赵云云　张秋生

　　　　　　侯　永　宫彬彬　尹义蕾

　　　　　　李　恺　田　婧

丛书序

—————— FOREWORD

　　设施农业是在环境相对可控条件下，采用工程技术手段，进行动植物高效生产的一种现代农业方式。在我国土地资源紧缺和国际贸易壁垒的多重压力下，发展高效设施农业已成为当前和未来我国农业发展的重要增长极，也是保证粮食安全和乡村振兴的重要抓手。

　　2022年3月6日，习近平总书记在参加政协农业界、社会福利和社会保障界委员联组会时讲到"要树立大食物观""向设施农业要食物，探索发展智慧农业、植物工厂、垂直农场"。《中共中央、国务院关于做好2022年全面推进乡村振兴重点工作的意见》中提出，要"加快发展设施农业""因地制宜发展塑料大棚、日光温室、连栋温室等设施""推动水肥一体化、环境控制智能化等设施装备技术研发应用"。

　　为贯彻落实习总书记提出的"大食物观"，实现"向设施农业要食物"的要求，社会各界积极响应，或投入资本，或生产转型，设施农业已成为当前和今后相当长时间内的农业投资热点。然而，我国设施农业技术发展的标准化水平相比工业化生产而言还有很大差距。长期以来，设施建设和生产以农民和民间工匠为主力军，他们有经验缺理论，无法系统完整地提出工程设计和运行管理的技术；一些教科书偏理论缺实践，无法直接指导设施农业的工程建设和管理。为弥补这种行业缺失，我们组织策划了这套既涵盖基础理论又重视生产实践的"设施农业技术系列丛书"，全方位介绍设施农业建设的理论和实践，以期为中国设施农业的健康、高效发展增添一份技术保障。全套丛书基本涵盖了当前现代设施农业的前沿技术和主流设备，既可成套使用，也可分别使用。

本书适合设施农业工程的设计、建设和生产管理者学习和参考，也可作为专科学校学生的教材，还可作为农业工程以及设施农业科学与工程专业大学本科和研究生的学习参考资料。对于工程设计和咨询单位技术人员以及设施建设和装备生产的企业人员也具有重要的学习和参考价值。温室工程的经营管理者，可以从丛书众多的优秀案例以及倒塌和灾害的失败案例中吸取经验和教训，也可在设施建设的前期以及设施运行过程中学习和应用书中知识，少走弯路，节省投资，降低运行费用。

由于作者水平有限，精选案例也不一定能代表最现代或最经济的工程建设方案，缺点错误之处，恳请读者批评指正。

周长吉

2022 年 7 月

前言
—— PREFACE

    近年我国设施农业快速发展，温室面积稳居世界首位。温室透光覆盖材料作为现代化温室结构中最重要的部件之一，其性能直接影响作物的生长。如何针对不同作物生产需求选择适宜的透光覆盖材料成为温室生产的关键问题之一。

    《温室透光覆盖材料选择与应用》一书，以图文并茂的形式和通俗易懂的文字总结了温室透光覆盖材料的共性特征及性能使用要求，主要内容包括温室透光覆盖材料分类及选择，温室对透光覆盖材料基本性能要求，覆盖材料透光性能、机械性能、保温性能、抗老化性能以及其他性能参数的测定方法，不同类型透光覆盖材料的性能及使用要求，典型透光覆盖材料的安装方法及维护保养等。

    该书可作为设施农业专项培训的教材，也可供温室设计、建设、施工等技术人员在选择及安装温室透光覆盖材料时阅读参考。书中纰漏在所难免，恳请读者批评指正。

何　芬

2022年7月15日

目　录

CONTENTS

1 概论

1.1 温室透光覆盖材料分类及选择

温室覆盖材料将作物与外界环境隔离，使作物处于一个相对封闭的更适于生长的可控环境条件之中。通过覆盖材料，作物生长的室内环境与外界环境之间不断进行着光、热等能量和水、气、肥等物质的流动与交换，两者相互影响，相互作用。因此，覆盖材料是现代化温室结构中最重要的部件之一，覆盖材料及其特性直接影响着作物的生长。

1.1.1 温室透光覆盖材料种类

透光覆盖材料不仅种类繁多、功能多样，而且具有避风、挡雨、遮阳、防雹，以及采光、保温等多种功能。随着高科技的不断发展，尤其是化工材料科学的发展以及生产工艺的不断改进，温室透光覆盖材料在种类上不断更新，功能不断增强，应用也在不断拓展。当前温室覆盖材料的生产与加工，已然成为一个新兴产业，并以此不断促进我国农业生产的发展与进步。

温室透光覆盖材料主要分为玻璃、塑料薄膜（柔质和硬质）和硬质塑料板。玻璃一般采用普通平板玻璃、浮法玻璃及减反射玻璃；常用的塑料薄膜包括聚乙烯（polyethene，PE）膜、聚氯乙烯（polyvinyl chloride，PVC）膜、聚烯烃（polyolefins，PO）膜、乙烯-醋酸乙烯（ethylene-vinylacetatecopolymer，EVA）膜、聚氟乙烯（polyvinyl-fluoride，PVF）膜、乙烯-四氟乙烯（ethylene-tetra-fluoro-ethylene，ETFE）膜等；常用的硬质塑料板主要是聚碳酸酯（polycarbonate，PC）板、玻璃纤维增强聚酯（fiber reinforced polymer，FRP）板、玻璃纤维增强丙烯酸酯（fiber reinforced acrylicresin，FRA）板、玻璃纤维增强聚酯树脂（glass fiber reinforced polyester，GRP）板、聚甲基丙烯酸甲酯（polymethyl methacrylate，PMMA）板等。温室常用透光覆盖材料的种类见表1-1。

表1-1 温室常用透光覆盖材料分类

分类	种类
玻璃	普通平板玻璃、浮法玻璃、钢化玻璃、园艺玻璃、中空玻璃、超白玻璃、红外吸收玻璃、减反射玻璃等
塑料薄膜	柔质塑料薄膜：PE膜、PVC膜、EVA膜、PO膜、多功能复合膜等
	硬质塑料薄膜：PVF膜等
硬质塑料板	PC板、FRP板、FRA板、GRP板、PMMA板等

1.1.2 温室透光覆盖材料选择

覆盖材料的选择直接影响温室的能耗，决定作物的产量和质量，也在很大程度上影响温室工程总造价、使用年限及后期维护成本。因此，在温室工程的前期设计中，应统筹考虑温室用途、外部环境、作物种类、建设投资等多方面因素，科学选用最适宜的覆盖材料。温室内所获得的光能主要取决于透光覆盖材料的光学特性，太阳辐射的微小差异对作物生长发育都会产生显著的影响；此外，透光覆盖材料对于温室的温度也具有一定的调节作用。不同作物由于生长所需条件不一样，所以对透光覆盖材料的要求也有所区别。选择温室透光覆盖材料时，应首先考虑其透光性能、强度、使用寿命和价格，在此基础上，根据温室建设地区的气候条件和种植作物的生长要求，重点考虑覆盖材料的保温性能、流滴性能、安装条件、抗化学污染性能、质量等。

（1）玻璃 在塑料薄膜之前，玻璃一直是温室透光覆盖材料的唯一选择。在大多数地处寒冷气候的国家，目前常用的透光材料仍然是玻璃。荷兰90%的温室采用玻璃覆盖。作为温室透光覆盖材料，玻璃常用4mm和5mm厚度两种规格，欧美地区常用4mm厚玻璃，仅在多冰雹地区选用5mm厚规格。我国民用建筑常用3mm厚玻璃，温室多以5mm厚玻璃覆盖，但随着国外大量温室的不断引进和国外温室的国产化，4mm厚玻璃的应用也越来越多。玻璃温室建造中最常用的玻璃为浮法平板玻璃，优点是透光性能好，在波长330～4 000nm范围内透光率可达90%；保温性能好，表面亲水性好，防雾滴能力强，热胀冷缩系数低。同时由于对紫外线透过率低、耐老化性能好，一般使用寿命在25年以上。缺点是自重大，骨架承受荷载重，导致骨架用材量大、总体造价高；同时玻璃抗冲击性差，易碎，需视情况采用钢化玻璃，并搭配柔质镶嵌材料使用。

（2）柔质塑料薄膜　温室的大面积推广归功于塑料薄膜在农业上的成功应用。柔质塑料薄膜是现阶段温室生产中选择和使用最为广泛的覆盖材料，具有质地轻柔、性能优良、品种多、用途广泛、透光率高、价格便宜、实用性强，黏合、铺张、装卸及相关配套设备操作简单等优点。将柔质塑料薄膜作为温室覆盖材料能够防御或减轻自然灾害对作物的威胁，提高温室生产运行效率，获取最大的经济效益。根据常用的几种塑料薄膜的热工特性，温室秋冬茬或冬春茬蔬菜生产中以选用PVC无滴膜、PO膜或EVA膜为最优。柔质塑料薄膜因所用树脂和助剂的种类、数量、质量、厚薄、均匀程度及制造工艺不同，其透光性能、机械性能、耐候性能等有很大差别。对于柔质塑料薄膜的强度低、稳定性差等缺点，必须在安装及使用中给予足够的重视。在生产应用中，还应做好薄膜的防尘、修补及防火工作。传统的塑料薄膜缺点比较明显，如使用寿命短、保温能力差、透光率低等。随着温室行业的不断进步和发展，各类新型、组合型薄膜层出不穷，特别是多功能复合膜，在高保温、防雾滴、抗紫外线、耐候性和高强度等方面表现优异。

（3）硬质塑料板和塑料膜　温室生产中应用较多的硬质塑料板是PC板，有平板、波浪板和多层中空板等多个系列，是目前塑料应用中最先进的聚合物之一，常用于大型连栋温室。优点是透光性强、自重轻、抗冲击强度高，隔热、阻燃、使用寿命长，防雾滴性好、安装方便；缺点是价格相对较高，需要投入的费用较大。硬质塑料板能改善温室的受力状况，承受更大的雨雪荷载，提高温室的安全性，抗冲击性能优异，具有良好的抗弯曲强度，适用于各种结构形式的温室。早期用于温室覆盖的硬质塑料板包括PVC板、GRP板等，由于耐候性能欠佳，近年来已全部改为PC板。PC板具有均衡的机械性能和良好的保温性，外观整齐美观，但PC板透光率衰减较快、易附着灰尘且清除困难，多应用于花卉温室或展示性温室等。温室中应用较多的硬质塑料膜是PVF膜，该种薄膜具有强度大、耐老化等性能，使用寿命长，可连续覆盖12～15年，但因在制造过程中将具有毒性的氟夹在中间层，为此在使用后需要将膜回收处理，避免对环境造成污染。

1.2 温室透光覆盖材料发展历程

我国的温室工程最早可追溯至秦始皇时期，《诏定古文官书序》中有言："秦即焚书，恐天下不从所改更法，而诸生到者拜为郎，前后七百人，乃密种瓜于骊山陵谷中温处。"汉代、唐代往后皆有关于温室的文字记录，但直到20世纪70年代末，我国的温室生产才开始大范围起步。通过国家政策专项扶持、引进国外先进技术、加强温室专业技术研究、扶持温室生产厂家、培养专业技术人才等措施，我国现代温室工程在20世纪90年代中期进入快速发展阶段。经过半个多世纪发展，我国温室面积已超过180多万hm^2，位居世界第一。温室是以采光覆盖材料作为围护结构，辅以温度调节、通风换气、湿度调节等环境调控设施设备，以及苗床、施肥、照明等栽培种植设施设备，周年培育作物或育苗的建筑。作为我国设施园艺的重要组成部分，温室有效提高了单位土地产出，增加了农民收入，促进了农业产业结构调整，增强了农业综合生产能力和竞争力。

温室产业的蓬勃发展离不开透光覆盖材料，它在温室生产中有着举足轻重的作用。随着科技的日益创新发展和进步，温室工程可选择的覆盖材料品种也不断丰富多样，各地可选择最适宜本地气候环境的覆盖材料，这为设施园艺的蓬勃发展提供了强有力的保障。古罗马人在公元初就用云母片和半透明的滑石板来采光保温，进行早熟黄瓜栽培。我国汉代以前采用不透明覆盖物草苫、苇帘等，在寒冬季节覆盖保暖进行"冬生葱韭菜菇"。直到17世纪80年代，英国人用玻璃作为覆盖物并建造世界第一座温室，才开创了透明覆盖材料的新纪元。从20世纪30年代英国化学家率先发明PE膜开始，各国又相继研发成功多种塑料薄膜，并广泛应用于不同温室类型的覆盖。

1.3　温室透光覆盖材料应用现状

玻璃是最早使用且至今仍然大量使用的透光覆盖材料。随着高分子材料的发展，各种高分子有机材料大量涌现，为温室透光覆盖材料的选择提供了更多的机会。目前，各国使用的塑料覆盖材料有上百个品种，而且还在不断发展扩充。截至2020年底，我国温室面积达到183万 hm^2，其中日光温室54万 hm^2、连栋温室5.8万 hm^2、塑料大棚123.2万 hm^2。目前，日光温室和塑料大棚均采用塑料薄膜覆盖，其中使用较多的为PE膜、PVC膜和PO膜。PVC膜在北方应用最广泛，其最大的优点是价格便宜，维护成本低，安装简单，与其配套的温室部件价格也较低，无论是蔬菜种植还是花卉种植都应用普遍；缺点是寿命短，不耐高低温差。我国南方以PE膜为主，价格相对PVC膜要高，但耐温度性能较好；缺点是弹性不够。两种膜的平均寿命一般为1年，环保成本较高。我国应用较多的国外薄膜有希腊PEP利得膜和以色列吉尼嘉膜。利得膜具备抗紫外线和防尘功能，表面添加了紫外线抑制剂与吸收剂，有效延长了农膜的使用寿命；同时表层加强了防雾滴性处理，以减少积尘及生长青苔；保温性能好，使用寿命为2年以上，更加经济。以色列的温室薄膜材料是在PE膜的基础上共挤5层不同功能膜而形成的复合膜，其最上层可防紫外线，中间层可提高透光率，最下层便于流滴和阻隔长波辐射，厚度为100～250μm，幅宽16m，使用寿命为4年。膜的颜色可根据种植作物种类进行选择，有红、绿、黄和白色等多种。种植番茄可以选择红色，种植马铃薯可以选择白色，增产效果都比较明显，分别可增产10%～20%、15%。随着温室现代化的建设发展，玻璃和PC板也逐步在科研基地、大型生产性连栋温室较多应用，普通农户生产较少使用。玻璃保温性介于塑料薄膜和PC中空板之间，但透光性位居第一。

1.4　温室透光覆盖材料发展趋势

从温室透光覆盖材料的发展方向看，不管是塑料薄膜，还是硬质塑料板或玻璃，统一的特征是向着进一步增强保温节能性及提高透光率方向发展。未来温室覆盖材料市场依然会以塑料薄膜为主，但随着需求的不断提高，市场会对薄膜在保温节能和透光方面的要求越来越高。据了解，目前我国生产的抗寒耐老化新品农膜产量太少，仅占农膜产量的20%左右。随着农业科技的发展，传统农膜已经跟不上农业发展的需要，温室生产者渴望用上高透光、高保温、保湿、抗寒、耐老化、多功能新品农膜。

目前温室透光覆盖材料主要个性化发展趋势如下：

（1）**病虫害忌避膜**　除具有通过改变紫外线通过率和改变光反射来实现对光环境的改变以外，还可通过在原薄膜基础上添加或在薄膜表面粘涂杀虫剂和昆虫性激素来达到病虫害忌避的效果。

（2）**转光薄膜**　以低密度聚乙烯（low density polyethylene，LEPE）树脂为基础原料，添加光转换剂后，吹塑而成的一种新型温室覆盖材料。这种薄膜具有光转换特性，当受到太阳光照射时，可将吸收到的紫外线（290～400nm）区域内能量的大部分转换为有利于作物光合作用的橙红光（600～700nm），增强作物的光合作用，并提高温室内的温度。

（3）**光敏薄膜**　属温度变色材料的一种，主要技术是在薄膜中添加银等化合物，使薄膜在一定的光照度下变成黄色或橙色的有色薄膜，起到有效降低高温强光对温室作物生长产生危害的作用。

（4）**自然降解膜**　主要通过微生物合成、化学合成或采用淀粉等天然化合物生产制造，能够在土壤内微生物作用下分解成水和二氧化碳等，可有效降低因温室覆盖材料的使用而对周围环境的污染。

温室透光覆盖材料的好坏，不但直接影响温室生产运营成本的高低，也会直接关系到生产产品品质的好坏。因此，广大科技工作者应该不断创新温室透光覆盖材料的技术，研发出具有较高综合性能的温室透光覆盖材料，从而推动温室工程行业的发展。

2 温室对透光覆盖材料基本性能要求

2.1 光学性能

光学特性是温室透光覆盖材料最重要的性能，在一定程度上决定着温室内的光照度和光谱分布，从而显著影响作物的光合作用、器官形成。

太阳辐射是指太阳向宇宙空间发射的电磁波和粒子流。地球所接受到的太阳辐射能量仅为太阳向宇宙空间放射的总辐射能量的二十亿分之一，但却是地球大气运动的主要能量源泉。太阳辐射能包括波长范围390～760nm的可见光、290～390nm紫外线及大于760nm的红外线，这三者分别占太阳辐射能总量的50%、1%～2%和48%～49%。太阳辐射光谱见图2-1。太阳辐射中能被作物用来进行光合作用的那部分能量称为光合有效辐射（photosynthestically active radiation，PAR）。光合有效辐射的波长范围为400～700nm，是作物进行光合作用的重要能源，直接影响作物的生长、发育、产

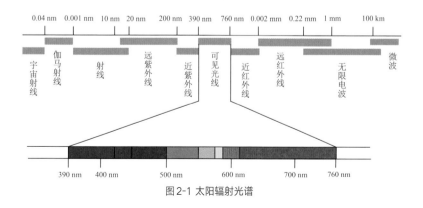

图2-1 太阳辐射光谱

量与产品品质。

光强直接影响作物光合速率，在一定范围内光合速率随光强的增加而加速，但超过一定范围后，光合速率增加缓慢，当达到某一光强时，光合速率不再增加，此时的光强为光饱和点。光强从弱变强时，光合速率比呼吸速率大，当光强减弱时，光合速率逐渐接近呼吸速率；当光合速率等于呼吸速率，即光合作用过程中吸收的CO_2和呼吸过程放出的CO_2相等时，此时的光强为光补偿点（图2-2）。不同类型作物的光饱和点和光补偿点差异较大。对作物进行补光时，补光强度不应大于光饱和点；同时，作物也不应长时间处于光补偿点以下，因为此时作物呼吸作用大于光合作用，有机物消耗多余积累，作物生长缓慢甚至死亡。作物对光强的要求比较稳定，主要决定于作物的种类和品种特性。光强不仅影响作物光合作用强度和干物质积累，还改变作物幼苗的形态，主要表现在弱光下幼苗节间伸长、叶薄色淡、含水量增加，强光下幼苗节间短而苗壮、叶厚色浓、干物质含量高。

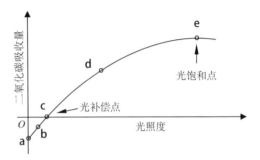

图2-2 光照度与光合作用之间的相对关系
a点.光合作用总速率＝0，呼吸作用速率＞0；
b点.0＜光合作用总速率＜呼吸作用速率；
c点.光合作用总速率＝呼吸作用速率＞0；
d、e点.光合作用总速率＞呼吸作用速率＞0

在作物光合作用过程中，红、橙光（600～680nm）具有最大光合活性，作物吸收最多；其次是蓝紫光和紫外线（300～500nm）。绿光（500～600nm）在光合作用中被吸收最少，称为生理无效辐射。紫外线波长较短部分，能抑制作物生长，杀死病菌孢子；波长较长的部分，可促进种子发芽，果实成熟，提高蛋白质、维生素和糖的含量；红外线对作物的萌芽和生长有刺激作用，并产生热效应。光谱成分对作物生长的影响具体见表2-1。

表2-1　光谱成分对作物的影响

光谱/nm	对作物的影响
< 320	对大多数作物有害，可能导致作物气孔关闭，影响光合作用，促进病菌感染
320～400	成形和着色
400～510	叶绿素吸收最多，表现为强的光合作用与成形作用
510～610	叶绿素吸收不多，光合效率也较低
610～720	光合作用最强，叶绿素强烈吸收
720～1 000	对作物伸长起作用，其中700～800nm辐射为远红光，对光周期及种子形成有重要作用，并控制开花及果实的颜色
>1 000	不参与光合作用，被作物吸收后转变为热能，影响有机体的温度和蒸腾，促进干物质的积累

为此，温室透光覆盖材料的光学特性：①要求透光率高；②要求透过的光谱适合作物的生长。材料的透光率主要包括以下5个方面的含义。

（1）材料对光线垂直入射的透光率　是不同材料性能相互比较的最直接参数，一般由专业实验室检测或厂家直接提供。表2-2为不同种类的温室透光覆盖材料对太阳辐射的透光率，可见双层材料较单层材料的透光率会减少7%～23%。

表2-2　不同透光覆盖材料对太阳辐射的透光率

材料种类	厚度/mm	单层/%	双层/%
PE膜	0.1	89	79
FRP板	0.64	83	70
优质FRP板	102	73	50
聚酯板	0.13	87	78
波浪玻璃纤维板	1.02	79	62
玻璃	3.18	88	78

（续）

材料种类	厚度/mm	单层/%	双层/%
PC板	1.59	84	73
PVF膜	0.08	91	84

（2）**材料在光线不同入射角下的透光率**　由于太阳辐射不可能总是垂直于透光覆盖材料表面入射，而且温室每个部位又在太阳入射角的不同位置，太阳高度角和方位随时在变化，单凭垂直入射透光率难以衡量在不同入射角下的透光性能。一般光线入射角越大，透光率越低，但入射角在40°以下时，其降低程度较小。入射角大于40°后，随着入射角的增大，透光率降低速率显著增大。入射角大于60°时透光率急剧减少。不同光线入射角与透光率的关系见图2-3。

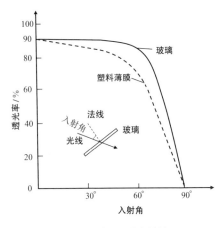

图2-3　入射角与透光率的关系

（3）**透光率随时间的衰减特性**　温室材料一般多年使用，如果透光覆盖材料的透光率不随时间衰减或衰减很小，则这种材料透光性能更好。

（4）**透过光线中散射光与直射光的比例**　太阳辐射由直射光和散射光组成，晴天比例达到9：1，全阴天时散射光几乎是100%，因散射光是各向同性的，一般散射光比例越大，温室内光照越均匀，因此要充分利用散射光。

（5）**对不同光质的透光率**　透光覆盖材料应对作物光合有效辐射具有最大的透过能力，因此理想的透光覆盖材料应该在波段为400～

700nm光合有效辐射区域透光率高，其他波段透光率低。

太阳辐射透光率与温室透光覆盖材料特性及其污染和老化状况密切相关。覆盖材料内、外表面经常被灰尘、烟粒污染，覆盖材料内表面也常附着一层水膜或水滴，两者共同影响可使设施内光照度减弱50%左右。当新温室棚膜可见光透过率为88%~95%，如果使用有滴膜而不经常清除污染，再加上自身老化以及温室结构的遮光，日光温室透光率最低仅有40%左右。当覆盖材料上凝聚水滴时，由于水滴的散射作用，约有20%的光合生理辐射被反射。水膜的消光作用与水膜的厚度有关，当水膜厚度不超过1mm时，水膜对覆盖材料的透过率影响很小。此外，透光率的下降也因波长不同而有差异，灰尘主要削弱红外线部分，水滴和水膜主要削弱900~1 100nm红外线部分。研究表明，PVC膜透光率最低，PE膜透光率最高，EVA膜透光率介于二者之间，这与PVC膜较PE膜易于被污染有关。覆盖材料老化可降低透光率，老化的消光作用主要在紫外线部分，不同覆盖材料老化速度不同。

一些散光性高的覆盖材料可使部分直射光变为散射光而透射到温室内，使辐射分布更均匀，在一定程度上避免了弱光区的出现。近年来开发出的多功能抗老化及防尘无滴膜，使PVC膜和PE膜的光学性能得到不断提高和完善。不同覆盖材料对不同光质的透光率有较大差异，PE膜在270~380nm紫外光区的透光率为80%~90%，而PVC膜在350nm以下紫外光区透过率较低；0.1mm厚的PVC膜、EVA膜、PE膜对5 000nm以上的远红光透过率分别为25%、55%、88%。在400~700nm可见光区的蓝光波段，PVC膜透光能力最高，EVA膜透光能力最低；在黄绿光区，PE膜透光能力最高，EVA膜次之，PVC膜最低。此外，同一覆盖材料，由于内部添加剂不同，其透光率也不同，如PE膜的透光率由高到低的顺序：PE耐老化膜>PE无滴膜>PE草莓专用膜>PE无滴耐老化膜。表2-3列出了几种不同类型的塑料薄膜和玻璃在不同波段下的透光率。同时，同一材质覆盖材料，随着材料厚度的增加，太阳直接辐射透过率、PAR透过率均减小，说明材料厚度也是影响材料辐射透光的重要因素（表2-4）。

表2-3　塑料薄膜和玻璃在不同波段下的透光率/%

类型	波长/nm	0.1mm PE膜	0.1mm PVC膜	0.1mm EVA膜	3mm 普通玻璃
紫外线	280	55	0	76	0
	300	60	20	80	0
	320	63	25	81	46
	350	66	78	84	80
可见光	450	71	86	82	84
	550	71	87	85	88
	650	80	88	86	91
	1 000	88	93	90	91
	1 500	91	94	91	90
红外线	2 000	90	93	91	90
	5 000	85	72	85	20
	9 000	84	40	70	0

表2-4　不同厚度PE膜的辐射透过率

厚度/mm	太阳直接辐射透过率/%	PAR透过率/%	紫外（UV）透过率/%
0.08	88.44	88.75	63.84
0.10	87.25	87.97	46.30
0.135	86.64	87.17	45.37
0.15	85.26	87.07	11.69
0.20	83.96	85.86	5.11

　　透光覆盖材料的光学性能指标主要包括材料对太阳辐射中的可见光、紫外光、红外光的透过率及雾度，这些指标都是材料本身的光学特性，可通过实验室测定。当覆盖材料安装在温室后，可通过

对室内外的太阳总辐射进行实际测试，得出不同温室的透光率，以此作为温室内光量的评价指标。

2.2 机械性能

透光覆盖材料作为园艺设施的主要围护物，长年暴露在大自然中，因此必须结实耐用，经得起风吹、雨打、日晒、冰雹的冲击，积雪的压力和极端温度的影响，同时还应便于运输、安装和调控，因此必须具备极强的机械性能。机械性能是表示透光覆盖材料在使用过程中承受荷载能力和影响安装施工难易程度的重要指标，主要包括材料的强度、抗冲击性能和热胀冷缩性能等。不同材料机械性能的评价指标不一样，如柔质塑料膜常用纵向和横向的拉伸强度及断裂伸长率来表示材料的强度指标，而玻璃等刚性材料则使用抗压强度、抗拉强度、弯曲强度和抗冲击强度等指标来衡量。材料的热胀冷缩性能对于安装构造设计和日常保养管理都是重要的技术参数。不同塑料薄膜的机械性能指标见表2-5。

表2-5　不同塑料薄膜的机械性能指标

机械性能指标	PVC膜	PE膜	EVA膜
拉伸强度/MPa	19 ～ 27.5	≤ 18	18 ～ 19
伸长率/%	150 ～ 290	493 ～ 550	517 ～ 673
直角撕裂强度/N/cm	810 ～ 877	312 ～ 615	301 ～ 432
抗冲击强度/N/cm	14.5	7	10.5

柔质塑料膜伸缩性大，抗撕裂强度小，当气温偏高时，薄膜膨胀松弛，此时遇风则易撕裂薄膜。玻璃具有良好的透光、保温和抗老化性能，但抗冲击力弱、易碎且不能弯曲，因此在冰雹地区经常选用硬质塑料覆盖材料，而不选用玻璃。硬质塑料不仅具有很好的抗冲击性、保温性和耐候性，而且弯曲度强、外观整齐美观，适宜在各种温室中使用。

玻璃的机械强度性能评价指标主要有抗压强度、抗拉强度、抗弯曲强度、抗冲击强度等。塑料覆盖材料的评价指标主要有抗拉强度、断裂伸长率、弹性模量等。对于塑料薄膜，还要考虑抗撕裂强度和抗冲击强度。对于硬质塑料板，则要测试抗冲击强度和抗弯曲强度。

2.3　热工性能

温室结构有的全部采用透光覆盖材料围护，有的采用透光覆盖材料和其他建筑材料分部围护。温室热量散失有透过覆盖材料的透射传热、通过缝隙换气传热与土壤热交换的地中传热三种途径，其中透射传热量占总散热量的70%～80%，换气传热占10%～20%，地中传热占10%以下，主要热损失是通过温室的结构和覆盖物散失到外界中去。通过温室透光覆盖材料的传热形式不仅有其内外表面与温室内外空气间的对流换热和覆盖材料内部的导热，温室内的地面、作物等还以长波热辐射的形式进行换热。

选择保温性能好的透光覆盖材料对降低温室的运行能耗具有重要的作用，覆盖材料的传热途径主要有传导、对流和辐射。温室透光覆盖材料都很薄，其传导热阻很小，而对流换热的强度又主要取决于室外风速和室内空气流动状况，所以，辐射性能是衡量透光覆盖材料保温性的重要依据。太阳辐射进入温室后，被其内部的土壤、墙壁、骨架、作物等吸收，转化为长波辐射向外放出，这些长波辐射进入和放出的多少，取决于覆盖材料，透光覆盖材料能阻止室内地面、作物等低温物体发射的长波辐射透出温室，从而起到保温作用。红外辐射透过率低的温室覆盖材料有利于保持温室内热量和温度，在制造过程中常在塑料中添加红外线阻隔剂，以降低材料的长波辐射透过率。几种温室透光覆盖材料的红外辐射特性见表2-6。一般PVC膜长波辐射透过率最低，保温性能最好；PE膜不易受污染但长波辐射透过率高，保温性能较差；EVA膜长波辐射透过率较高，保温性能较差，但优于PE膜；PO膜的性能明显优于传统PE膜及EVA膜，其中PO膜覆盖温室内的温度比PE膜覆盖温室高1～2℃。一般也采用多层覆盖减少温室散热，双层薄膜比单层薄膜的室内温度可提高3～5℃，三层薄膜可提高5～6℃。

表2-6　温室透光覆盖材料的红外辐射特性

材料类型	厚度/mm	吸收率	透射率	反射率
PE膜	0.05	0.05	0.85	0.1
	0.01	0.15	0.75	0.1
EVA膜	0.05	0.15	0.75	0.1
	0.1	0.35	0.55	0.1
PO膜	0.075	0.35～0.6	0.3～0.5	0.1
	0.15	0.6	0.3	0.1
PVC膜	0.05	0.45	0.45	0.1
	0.1	0.65	0.25	0.1
硬质聚酯片材	0.05	0.6	0.3	0.1
	0.1	0.8	0.1	0.1
	0.175	>0.85	<0.05	0.1
聚乙烯醇膜	—	>0.9	—	<0.1
玻璃	—	0.95	—	0.05
硬质板（玻璃纤维增强丙烯板、丙烯板、聚碳酸酯板等）	—	0.9	—	0.1

透光覆盖材料热工性能主要指材料的保温性能及热稳定性能。保温性能主要采用传热系数和材料对长波辐射（3～100 μm）的透过率进行评价，玻璃、塑料薄膜等不同类型的温室透光覆盖材料的总传热系数见表2-7。

表2-7　温室透光覆盖材料的总传热系数/W/（m² · k）

透明覆盖材料类型	传热系数
单层玻璃	6.3
单层塑料薄膜	6.8

（续）

透明覆盖材料类型	传热系数
单层玻璃纤维板	6.8
双层玻璃	3.0
双层塑料薄膜	4.0
双层玻璃纤维板	3.0

　　热稳定性主要采用热膨胀系数进行评价，实际应用中，有两种主要的热膨胀系数：①体膨胀系数；②线膨胀系数。热膨胀系数是材料重要的热学性质，具体是指当温度改变1℃，固态物质长度变化和它在标准温度时的长度的比值。玻璃的热膨胀对玻璃的成型、退火、钢化，玻璃与玻璃、玻璃与金属的封接及对玻璃的热稳定性等性质有重要的意义，不同成分玻璃的线膨胀系数变化范围在（5.8～150）$\times 10^{-7}$/℃，平板玻璃为95×10^{-7}/℃，石英玻璃为5×10^{-7}/℃。按膨胀系数大小，可将玻璃分成硬质玻璃和软质玻璃，对应热膨胀系数的分界值为60×10^{-7}/℃。

2.4　耐久性能

　　透光覆盖材料的使用寿命直接关系到温室的建设和运行成本，是温室设计中应重点考虑的问题。覆盖材料长期直接暴露于自然条件下，会受到光、热、氧、水等许多因素的影响，尤其是太阳紫外线破坏和空气中氧气的氧化。光氧化作用的结果是引起高分子材料发生结构、颜色、透明度、机械强度等的老化，从而使材料失去使用功能。特别是覆盖材料的外观逐渐发暗，透光率衰减，机械性能减弱，易撕裂，最终无法达到透光、保温、保湿、防止水滴滴落、减少雾气等使用要求。塑料材料抗老化性能较差，普通塑料薄膜覆盖温室时，一般只能使用一季。大量使用普通塑料薄膜既不经济又严重浪费资源，污染环境，而且更换薄膜的工作量很大，直接影响现代大型温室的周年生产。因此，需要将温室用薄膜光温功能性与长寿性保持同步，设计开发结构更为优异的不易被光氧化、热氧化降解的聚合物分子或选用耐候性较好的材质，这才是延长温室透光覆盖材料耐候性的有效途径，但研发费用大，周期长，价格较高。目前综合性能较佳、寿命可达10年的聚酯（polyethylene glycol terephthalate，PET）膜和寿命更长的PC板、ETFE棚膜已投入使用，但价格相对较高。在现有材料配方的基础上添加光稳定剂、热稳定剂、抗氧化剂和紫外线吸收剂，延长了温室透光覆盖材料的使用寿命，且使薄膜拉伸及抗撕裂强度增大，不易吸附灰尘，达到了长久保持高透光率的效果。该方法的配方设计、加工成型、检定测试的周期较短，应用效果显著。

温室透光覆盖材料的耐久性通过使用寿命进行衡量，主要包括3个方面的含义。

（1）材料达到机械强度而破坏　指材料在风、雪、温度等各种荷载作用下，其承载能力达到或超过其极限承受能力或变形允许值。

（2）材料透光率衰减到不能满足作物生长需要　虽然机械强度没有被破坏，但其透光总量无法满足室内作物生长要求，此时材料也失去了使用寿命。

（3）材料的耐候性　材料适应环境的能力，尤其是高温、低温和高紫外线条件下材料的机械性能，这些指标尤其在高原、寒冷或高温等特殊气候条件下非常重要。

透光覆盖材料耐久性能采用光老化前后的覆盖材料性能指标表示，可将材料通过自然或人工老化试验后，进一步检测材料的光学性能、机械性能等。

2.5　防露滴性

由于温室内外存在温度差，尤其是在冬季，温室覆膜内外温差较大，室内空气中水蒸气会在膜表面凝结成水珠。这些水珠会使射入温室内的光线发生散射和折射，并降低温室棚膜的透光率和室内温度，从而影响作物的生长发育。凝结的水滴如果滴落到作物叶片表面、秧蕊或者苗蕊，则会引起"烧心现象"，还容易诱导作物病害的发生和蔓延。针对这一现象，温室覆盖材料应具有减少内壁水珠的吸附及直接滴落的功能，使薄膜表面亲水性增强，露滴沿着温室覆膜内表面扩展为薄水层，顺表面流下，这种性能被称之为"无滴性"或"流滴性"。使覆盖材料具有"流滴性"的方法主要是在薄膜制备过程中加入或在膜表面喷涂高度亲水的流滴剂，使覆盖材料表面高度亲水。薄膜流滴性能直接与制膜的原料和制膜的工艺有关，还受到使用期间温室内的土壤水分、空气湿度、有无覆盖地膜、外界气温、温室结构、薄膜覆盖方法、室内作物种类等多种因素的影响。

材料防露滴性能一般采用初滴时间（从测试开始到薄膜内表面聚集成的第一个露滴滴落的时间）或滞留水滴面积比（凝结滞留水滴面积与待测材料表面积的比值）作为判断覆盖材料是否具备流滴性能的检验指标。

3 温室透光覆盖材料性能测定方法

3.1 尺寸及外观质量

3.1.1 塑料薄膜

（1）测试指标及允许偏差

1）测试指标　包括塑料薄膜的宽度、厚度及外观质量。

2）宽度偏差　应符合表3-1要求。

表3-1　塑料薄膜宽度偏差

宽度（w）/mm	宽度偏差/%
$w \leqslant 4\,000$	+3.0，−1.5
$4\,000 < w \leqslant 15\,000$	+3.0，−1.0
$w > 15\,000$	+2.8，−1.0

3）厚度极限偏差和平均偏差　应符合表3-2要求。

表3-2　塑料薄膜厚度极限偏差和平均偏差

厚度（d）/mm	$0.03 \leqslant d \leqslant 0.04$	$0.04 < d < 0.06$	$0.06 \leqslant d \leqslant 0.08$	$0.08 < d \leqslant 0.14$
厚度极限偏差/%	±35	±30	±28	±25
厚度平均偏差/%	±10	±10	±10	±10

4）外观质量　不允许有影响使用的气泡、条纹、穿孔、破裂、暴筋、褶皱等存在。0.6～2.0mm的杂质、晶点、僵块，合计每平方米不得多于20个；大于2.0mm的不允许出现。薄膜卷插叠、卷绕整齐，无断头。

（2）测量依据 《农业用聚乙烯吹塑棚膜》（GB/T 4455—2019）、《农业用乙烯-乙酸乙烯醋共聚物（EVA）吹塑棚膜》（GB/T 20202—2019）。

（3）测试仪器和方法

1）取样 从薄膜卷外端先剪去不少于0.5m，再裁取长度不少于1m的薄膜试样进行测试。

2）状态调试 将试样放置在（23±2）℃标准环境进行，状态调节时间不少于4h。外观试验除外。

3）尺寸测量 宽度采用精度为1mm的卷尺或钢直尺测量。厚度采用精度为0.001mm的测厚仪，按表3-3的取样点测量。

表3-3 塑料薄膜厚度测量间距要求

薄膜幅宽/mm	等间距厚度测量点数/个
300～1 500	20
≥1 500	≥30
≥8 000	≥40

4）外观测量 可取1m² 薄膜试样在自然光下目测。

（4）数据处理

1）宽度偏差 为实际测量宽度值与公称宽度的差。

2）厚度偏差 厚度极限偏差和平均偏差计算公式如下：

$$\Delta d = \frac{d_{max}(或 d_{min}) - d_0}{d_0} \times 100\%$$

$$\bar{\Delta} d = \frac{\bar{d} - d_0}{d_0} \times 100\%$$

式中：Δd 为厚度极限偏差，mm；d_{max} 为实测最大厚度，mm；d_{min} 为实测最小厚度，mm；$\bar{\Delta} d$ 为厚度平均偏差，%；$\bar{d}$ 为平均厚度，mm；d_0 为公称厚度，mm。

3.1.2 玻璃

（1）测试指标及允许偏差

1）测试指标 包括玻璃长度、宽度、对角线长度、厚度及外观质量。

2）长度和宽度偏差 平板玻璃应切裁成矩形，其长度和宽度的尺寸偏差应符合表3-4的要求。

3）对角线偏差 平板玻璃对角线偏差应不大于其平均长度的0.2%。

4）厚度偏差 平板玻璃的厚度偏差和厚薄差应符合表3-5要求。

5）外观质量 平板玻璃外观质量应符合表3-6要求。

表3-4 平板玻璃长度和宽度尺寸偏差

公称厚度/mm	尺寸偏差/mm	
	≤3 000	>3 000
2～6	±2	±3
8～10	+2，−3	+3，−4
12～15	±3	±4
19～25	±5	±5

表3-5 平板玻璃厚度偏差和厚薄差

公称厚度/mm	厚度偏差/mm	厚薄差/mm
2～6	±0.2	0.2
8～12	±0.3	0.3
15	±0.5	0.5
19	±0.7	0.7
22～25	±1.0	1.0

表3-6 平板玻璃外观质量

缺陷种类	质量要求	
	尺寸（L）/mm	允许个数限度
点状缺陷	0.5≤L≤1.0	2×S
	1.0<L≤2.0	1×S
点状缺陷	2.0<L≤3.0	0.5×S
	L>3.0	0

（续）

缺陷种类	质量要求	
	尺寸（L）/mm	允许个数限度
点状缺陷密集度	$L \geqslant 0.5$mm 的点状缺陷最小间距不小于300mm；直径100mm 圆内 $L \geqslant 0.3$mm 的点状缺陷不超过3个。	
线道	不允许	
裂纹	不允许	
划伤	允许范围	允许条数限度
	宽度 ≤ 0.5mm，长 ≤ 60mm	$3 \times S$

注：S 是以平方米为单位的玻璃板的面积数值，按《数值修约规则与极限数值的表示与判定》(GB/T 8170) 修约，保留小数点后两位。点状缺陷的允许个数限度及划伤的允许条数限度为各系数与 S 相乘所得的数值，按 GB/T 8170 修约至整数。

（2）测量依据　《平板玻璃》(GB 11614—2009)。

（3）测试仪器和方法

1）长度和宽度　采用分度值为1mm的金属直尺或1级精度钢卷尺，在玻璃的长、宽边的中部，分别测量两个平行边的距离，实测值与公称尺寸之差即尺寸偏差。

2）对角线长度　采用1级精度钢卷尺测量玻璃板的两条对角线长度，其差的绝对值为对角线差。

3）厚度　采用分度值为0.01mm的外径千分尺，在垂直于玻璃板拉引方向上测量5点，距边缘约15mm向内各取1点，在2点中均分其余3点，实测值与公称厚度之差为厚度偏差。

4）厚薄差　采用分度值为0.01mm的外径千分尺，测出一片玻璃板5个不同点的厚度，计算其最大值与最小值的差，即厚薄差。

5）点状缺陷　采用分格值为0.01mm的读数显微镜（图3-1）测量点状缺陷的最大尺寸。

6）点状缺陷密集度　采用分度值为1mm的金属直尺测量两点状缺陷的最小间距并统计100mm圆内规定尺寸的点状缺陷数量。

7）线道、划伤和裂纹　主要通过目测，在不受外界光线影响的环境中，将试样垂直放置在距屏幕600mm的位置。屏幕为黑色无光泽屏幕，安装有数支40W、间距为300mm的荧光灯，观察者距离试样600mm，视线垂直于试样表面（图3-2）。采用分度值为1mm的金属直尺和分格值0.01mm的读数显微镜测量划伤的长度和宽度。

图3-1　读数显微镜

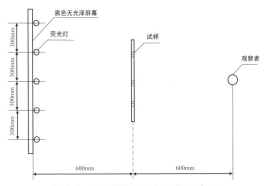

图3-2　平板玻璃检查外观质量示意图

3.1.3　硬质塑料板

（1）测试指标及允许偏差

1）测试指标　包括板材的长度、宽度、直角度及外观质量。

2）长度和宽度极限偏差　要求见表3-7。

3）直角度　用对角线的差表示，其极限偏差要求见表3-8。

4）厚度极限偏差　要求见表3-9。

5）外观质量　板面不能有明显的划伤、斑点、孔眼、气泡、水纹、异物等瑕疵，不能有其他在实际应用中不可接受的缺陷。

表3-7　硬质塑料板长度和宽度的极限偏差

公称尺寸（L）/mm	长度、宽度极限偏差/mm	
	层压板材	挤出板材
$L \leqslant 500$	+4，0	+3，0

（续）

公称尺寸（L）/mm	长度、宽度极限偏差/mm	
	层压板材	挤出板材
$500 < L \leqslant 1\,000$		+4，0
$1\,000 < L \leqslant 1\,500$	+4，0	+5，0
$1\,500 < L \leqslant 2\,000$		+6，0
$2\,000 < L \leqslant 4\,000$		+7，0

表3-8　硬质塑料板对角线的极限偏差

公称尺寸（长×宽）/mm	极限偏差（两对角线的差）/mm	
	层压板材	挤出板材
$1\,800 \times 910$	5	7
$2\,100 \times 1\,000$	5	7
$2\,400 \times 1\,200$	7	9
$3\,000 \times 1\,500$	8	11
$2\,400 \times 1\,200$	13	17

表3-9　硬质塑料板厚度极限偏差

厚度（d）/mm	极限偏差/%	
	层压板材	挤出板材
$1 \leqslant d \leqslant 5$	±15	±13
$5 < d \leqslant 20$	±10	±10
$20 < d$	±7	±7

（2）测试依据　《硬质聚氯乙烯板材 分类、尺寸和性能 第1部分：厚度1mm以上板材》（GB/T 22789.1—2008）。

（3）测试仪器和方法

1）试样状态调节　将试样放置在（23±2）℃，相对湿度（50±5）%环境下，状态调节时间不少于16h。

2）尺寸测量 板材的长度、宽度和对角线用尺测量，精确到1mm。板材的厚度采用测厚仪测量，精确到0.01mm。

3）外观检查 在自然光状态下目测检查，距离试样600mm，检查是否有明显缺陷、裂缝、斑点、空洞、气泡、杂质及其他缺陷。

3.2 光学性能测试

3.2.1 材料透光率

（1）测试指标及允许偏差 测试指标包括材料的透光率和雾度。透光率是透过试样的光通量与射到试样上的光通量之比。雾度是透过试样面偏离入射光方向的散射光通量与透射光通量之比。透光率包括可见光透射比、紫外线透射比和太阳红外热能总透射比。

不同塑料薄膜的透光率和雾度应符合表3-10的要求。

表3-10 塑料薄膜透光率和雾度

类型	透明型PE耐老化棚膜、PE流滴耐老化棚膜			散光型PE耐老化棚膜、PE流滴耐老化棚膜
厚度（d）/mm	$0.04 \leqslant d \leqslant 0.08$	$0.08 < d \leqslant 0.12$	$d > 0.12$	—
透光率/%	$\geqslant 87$	$\geqslant 86$	$\geqslant 85$	$\geqslant 85$
雾度/%	$\leqslant 30$	$\leqslant 35$	$\leqslant 40$	$\leqslant 50$

普通平板玻璃可见光透射比应不小于表3-11的要求。

表3-11 普通平板玻璃可见光透射比

公称厚度/mm	可见光透射比最小值/%
2	89
3	88
4	87
5	86

（续）

公称厚度/mm	可见光透射比最小值/%
6	85
8	83
10	81
12	79

硬质PVC板总透光率应符合表3-12的要求。

表3-12　硬质PVC板总透光率

公称厚度（d）/mm	总透光率/%
$d \leqslant 2$	$\geqslant 82$
$2 < d \leqslant 6$	$\geqslant 78$
$6 < d \leqslant 10$	$\geqslant 75$
$d > 10$	—

（2）**测试依据**　《建筑玻璃 可见光透射比、太阳光直接透射比、太阳能总透射比、紫外线透射比及有关窗玻璃参数的测定》（GB/T 2680—2021），《透明塑料透光率和雾度的测定》（GB/T 2410—2008）。

（3）**测试仪器和方法**　测试仪器为大积分球分光光度计。测量波长范围、波长间隔应满足测试要求，照明光束的光轴与试样表面法线的夹角不超过10°，照明光束中任一光线与光轴的夹角不超过5°。设备测量透射比的准确度应在±1%内。图3-3为PerkinElmer Lambda 950紫外可见分光光度计，波长范围175～3 300nm，带有150mm积分球，具备检测温室透光覆盖材料的透光率和雾度的能力。

将温室透光覆盖材料切割或裁剪成边长为80mm×80mm的正方形，试样在测定过程中应保持清洁（图3-4）。除玻璃外，所有试样均在温度（23±2）℃、相对湿度（50±5）%的环境下，状态调节不少于4h。

图3-3　紫外可见分光光度计

图3-4　检测薄膜试样

采用带有积分球的分光光度计测试覆盖材料的光学性能。该设备是根据分光光度计的分光原理进行测量。具有同等能量的某一波长上的光谱经过被测试材料全部进入积分球，积分球内的检测器响应后获得透过后的该波长上的辐射能量，辐射能量的前后比值就是该种材料在该波长上的辐射透过率。

3.2.3　温室透光率

（1）测试指标　为温室正常运行下太阳总辐射透光率，为温室内平均太阳总辐射与温室外太阳总辐射的百分比。

（2）测试依据　《连栋温室采光性能测试方法》（NY/T 1936—2010）、《日光温室能效评价规范》（NY/T 1553—2007）。

（3）测试仪器　为太阳总辐射传感器（图3-5）。测试的波长范围为300～3 000nm，主要性能指标为分辨率±5W/m²，稳定性±2%，余弦响应＜±7%，方向响应＜±5%，温度响应＜±2%，非线性＜±2%，响应时间＜1min。

图3-5　太阳总辐射传感器与数据采集器

（4）连栋温室透光率测试方法

1）室内外测点布置　当温室为两跨时，室内布置6个测点，每跨中部布置1个测点，温室长度方向布置3个测点，分别位于两端山墙第2个开间和中间开间，测点布置见图3-6a。当温室跨度数n为偶数、开间数m为奇数时，室内布置9个测点，在最左跨、最右跨及第$n/2$跨的中部布置1个测点，温室长度方向布置3个测点，分别位于两端山墙第二个开间和中间开间，测点布置见图3-6b。当温室跨度数n为奇数、开间数m为偶数时，室内布置9个测点，在最左跨、最右跨及中间跨的中部布置1个测点，温室长度方向布置3个测点，分别位于两端山墙第二个开间和第$m/2$个开间，测点布置见图3-6c。

温室内无作物时，测点高度在距地面1.5m处；温室内有作物时，测点高度在作物冠层上方200～500mm处。温室内测点布置应尽量避开温室构件、内外遮阳幕收拢后等所形成的明显阴影位置。

温室外测量点1个，应选择周围无遮挡的空地或建筑物的上方，传感器与周围建筑物或其他遮挡物距离应大于遮挡物高度的6倍以上。

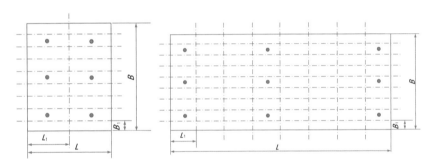

a.温室跨度数为两跨的情形　　　　b.温室跨度数为偶数，开间数为奇数的情形

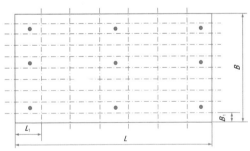

c.温室跨度数为奇数，开间数为偶数的情形

图3-6　连栋温室内太阳辐射测点示意图

L_1.温室单跨的宽度；L.温室总宽度；B_1.温室单个开间的长度；B.温室总长度

2）测试时间　测量应在天空云量为0～2级、云未遮挡太阳时

的晴朗无云天进行。宜选在温室竣工当年或冬至日前后，真太阳时 10:00—14:00，每间隔1h测定一轮。

（5）日光温室透光率测试方法

1）测点布置　室内布置9个测点（图3-7）。1、2、3和7、8、9两组测点与两侧山墙的距离为10m，4、5、6测点的位置在温室长度中部，测点1、4、7和3、6、9分别距前沿和后墙1m，南北方向各测点间距相等。测点距地面高度均为1m，如果在测试时发现有测点位置长时间处于阴影下，可将该点在直径0.5m的范围内做适当调整。室外设1个光照测点，布置在高度1m，周围无遮挡的空地。

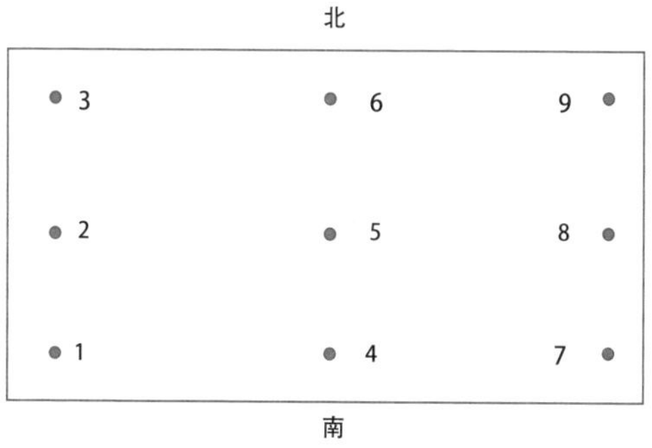

图3-7　日光温室内太阳辐射测点示意图

2）测试时间　选择冬至日前后5d内或12月至翌年1月的晴天进行。测试宜选择在未种植作物或作物株高在0.5m以下的温室进行。测量从温室前屋面保温覆盖物全部卷起（一般在当地时间8：30—9：00）开始，直到下午前屋面保温覆盖物全部覆盖上为止，总观测时间不少于7h。采用自动记录仪测量时，每30min测量一次，室内外测量同时进行。

（6）塑料大棚透光率测试方法　单栋塑料大棚可参考日光温室透光率测试方法。

（7）结果计算　温室太阳总辐射透过率计算公式如下：

$$\tau = \frac{\frac{1}{n}\sum_{i=1}^{n}E_{gi}}{E_{go}} \times 100\%$$

式中：τ 为温室太阳总辐射透过率，%；n 为温室内太阳辐射测点数量；E_{gi} 为温室内第 i 测点太阳总辐射照度，W/m^2；E_{go} 为温室外测点太阳总辐射照度，W/m^2。

3.3 力学性能测试

（1）测试指标和允许偏差 测试指标包括抗拉强度、抗弯曲强度、抗冲击强度、直角撕裂强度、断裂伸长率、弹性模量等。

1）抗拉强度 指试样拉断前承受的最大标称拉应力。断裂伸长率是指试样断裂时长度增加的百分率。弹性模量是材料在弹性变形阶段应力与应变的比例系数。

2）抗弯曲强度 指试样在弯曲载荷作用被破坏时所受的最大弯曲应力。

3）抗冲击强度 指试样抵抗冲击载荷作用的能力，以冲击损伤时的能量表示。

4）直角撕裂强度 是通过对标准试样施加拉伸负荷，使试样在直角口处撕裂所测定的撕裂负荷。

不同薄膜抗拉强度、直角撕裂强度要求不一样，表3-13为不同类型薄膜的力学性能要求。表3-14为硬质PVC板的力学性能要求。

表3-13 薄膜抗拉强度、断裂伸长率和直角撕裂强度

项目	PE普通棚膜		PE耐老化棚膜、PE流滴耐老化棚膜	
	厚度≤0.08mm	厚度>0.08mm	厚度≤0.08mm	厚度>0.08mm
抗拉强度（纵、横向）/MPa	≥18	≥18	≥18	≥18
断裂伸长率（纵、横向）/%	≥250	≥300	≥350	≥400
直角撕裂强度（纵、横向）/（kN/m）	≥70	≥70	≥70	≥70

表3-14 硬质PVC板抗拉强度、断裂伸长率和拉伸强性模量

项目	层压板材	挤出板材
抗拉强度（纵、横向）/MPa	≥45	≥45
断裂伸长率（纵、横向）/%	≥5	≥5
拉伸弹性模量/MPa	≥2 500	≥2 000

（2）测试依据 《塑料薄膜拉伸性能试验方法》（GB/T 13022—1991）、《玻璃材料弯曲强度试验方法》（GB/T 37781—2019）、《超薄玻璃抗冲击强度试验方法 落球冲击法》（GB/T 39814—2021）、《硬质塑料板材耐冲击性能试验方法（落锤法）》（GB/T 11548—1989）、《塑料直角撕裂性能试验方法》（QB/T 1130—1991）。

（3）抗拉强度测试仪器和方法

1）测试仪器 为力学试验机。试验机应备有适当的夹具，夹具不应引起试样在夹具处断裂，施加任何负荷时，试验机上的夹具应能立即对准成一条线，以使试样的长轴与通过夹具中心线的拉伸方向重合。试验机示值为记录仪满值的10%～90%，示值误差应在±1%以内。CMT6503型5kN力学试验机见图3-8，该设备适于测试薄膜的力学性能。

2）试样 试样形状有哑铃型试样和长条形试样。薄膜哑铃试样的尺寸见图3-9；长条形试样宽度10～25mm，总长度不小于150mm，标线间距离至少为50mm。

图3-8 力学试验机

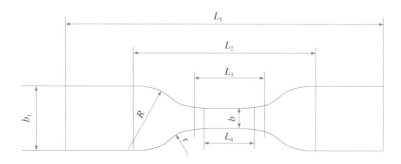

图3-9　薄膜哑铃试样

L_1 为总长 115mm；L_2 为夹具间初始距离（80±5）mm；L_3 为平行部分长度（33±2）mm；L_4 为标线间距离（25±0.25）mm；R 为大半径（25±2）mm；r 为小半径（14±1）mm；b 为平行部分宽度（6±0.4）mm；b_1 为端部宽度（25±1）mm

　　试样应沿样品宽度方向大约等间隔采用冲刀裁取，裁剪设备和裁刀见图3-10和图3-11。每组试样不少于5个。

　　3）测量　裁剪出的薄膜试样放置于力学试验机开始拉伸试验（图3-12和图3-13）。

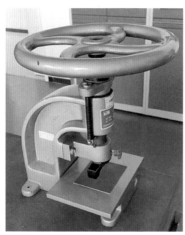

图3-11　用于哑铃试样的裁刀

图3-10　冲片机　　　　　图3-12　裁剪出的薄膜试样

测试步骤如下：

① 采用精度为 0.1mm 以上的量具测量试样宽度。每个试样的厚度及宽度应在标线间距内测量三点，取算术平均值。厚度准确至 0.001mm，宽度准确至 0.1mm。哑铃形试样中间平行部分宽度可以用冲刀的相应部分的平均宽度。

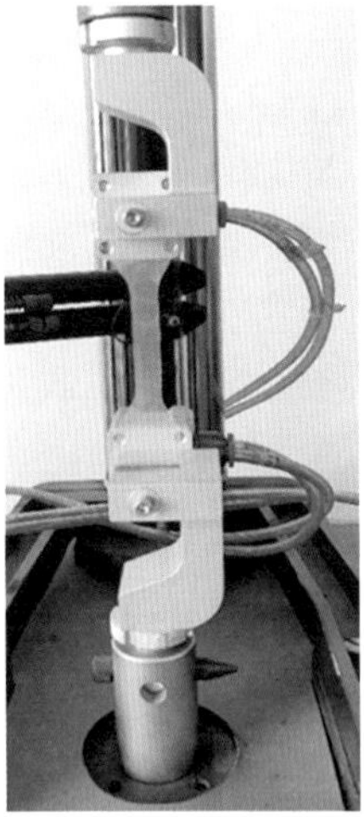

② 将试样置于试验机的两夹具中，使试样纵轴与上、下夹具中心连线相重合，并且要松紧适宜，以防止试样滑脱和断裂在夹具内。夹具内应垫衬橡胶之类的弹性材料。

③ 按（500±50）mm/min 的速度开动试验机进行试验。试样断裂后，读取所需负荷及相

图 3-13　拉伸试验

应的标线间伸长值，计算拉伸强度、断裂伸长率、弹性模量。若试样断裂在标线外的部位时，此试样作废，另取试样重做。

4）结果计算

①拉伸强度、拉伸断裂应力、拉伸屈服应力以 σ_t 表示，按下式计算：

$$\sigma_t = \frac{p}{bd}$$

式中：p 为最大负荷、断裂负荷、屈服负荷，N；b 为试样宽度，mm；d 为试样厚度，mm。

②断裂伸长率以 ε_t 表示，计算公式如下：

$$\varepsilon_t = \frac{L - L_0}{L_0} \times 100\%$$

式中：L_0 为试样原始标线距离，mm；L 为试样断裂时的标线间距离，mm；

③弹性模量。做应力 - 应变曲线，从曲线的初始直线部分计算拉伸弹性模量，以 E_t 表示，计算公式如下：

$$E_t = \frac{\sigma}{\varepsilon}$$

式中：σ 为应力，MPa；ε 为应变。

（4）抗弯曲强度测试仪器和方法

1）原理　在规定试验条件下，一定尺寸和形状的试样，受静态弯曲载荷断裂，通过计算其承受载荷的横截面处最大弯曲应力，得出试样的弯曲强度。

2）测试仪器　测试仪器为力学试验机。试验机能保证一定的位移加载速率，载荷示值相对误差不超过量程的±1%。试样破坏时的最大试验载荷应在试验机使用量程范围的20%～90%。

采用三点弯曲法测试（图3-14）。用来支撑试样的支座和施加载荷的上压辊均采用经过淬硬的钢材，长度应大于试样的宽度。上压辊的轴线至两支座的轴线的距离应相等，偏差不大于±0.5%。两支座间的距离应可调节，应带有指示距离的标记，跨距应精确至0.1mm。

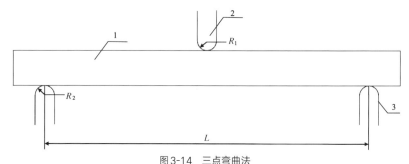

图3-14　三点弯曲法

1.试样；2.上压辊；3.试样支座；R_1为上压辊的半径；R_2为支座的半径；L为试样支座间距

3）试样　试样为长度（120±1）mm，宽度（20±1）mm的长方体试样。试样两长边要研磨、抛光、轻微倒角，横截面的四角均为（90±0.5）°。每组试样不少于10个。

4）测试步骤　a.采用游标卡尺测试试样中部的宽度和厚度，精确至0.02mm。b.调整两试样支座间距至（100±0.5）mm。c.以5mm/min的位移速度加载，记录试样断裂时的最大载荷P。

5）结果计算　断裂产生在试样长度方向三等分中间部分的试样为有效试样，只计算有效试样的抗弯曲强度。抗弯曲强度按下式计算：

$$\sigma_b = \frac{3PL}{2bd^2}$$

式中：σ_b 为试样的抗弯曲强度，MPa；P 为试样断裂时的最大载荷，N；L 为试样支座间距，mm；b 为试样宽度，mm；d 为试样厚度，mm。

（5）抗冲击强度测试仪器和方法

1）原理　将特定质量的钢球提升至规定高度并释放，将其势能转化为动能，钢球与试样发生刚性碰撞，以此模拟并预测玻璃及硬质塑料板在使用过程中抵抗硬物冲击破坏的能力。

2）测试仪器　为落球冲击试验机（图3-15）。该设备包括竖向支撑杆、横向支撑杆、定位激光发生器、落球释放装置、底座等组成部分。落球冲击试验机钢球跌落高度范围为0～2 000mm。竖向支撑杆和横向支撑杆应具有足够刚性，保证试验过程中不应发生变形。竖向支撑杆高度可调，分辨精度1.0mm。落球释放装置采用电磁式，落球冲击点与预设冲击点偏差不应超过3.0mm。底座为（10±0.5）mm的不锈钢板。

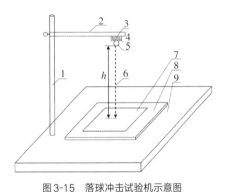

图3-15　落球冲击试验机示意图

1.竖向支撑杆 2.横向支撑杆 3.定位激光发生器 4.落球释放装置 5.钢球 6.激光光路 7.试样 8.试样垫块 9.底座

3）试样制备　试样制备成长方形试样，长宽分别为（150±1）mm和（75±1）mm。试样表面没有肉眼可见的划痕、损伤和其他缺陷，边部抛光，且目视不存在爆边和裂纹等缺陷。试样数量不少于30片。测试前，试样用蒸馏水冲洗干净，并在室温下放置至少4h。

4）测试方法　采用多点冲击方法，将试样平均分成9个小方格，每个小方格的中心点作为试样冲击点，任一冲击点与邻近冲击点距离不小于10mm，且所有冲击点离试样边部距离不小于10mm。冲击点位置（图3-16）可预先标记在试样垫块上。

5）测试步骤

①预估冲击高度。选取一片试样放置在试样垫块上，调节横向支撑杆高度，使钢球底部离试样上表面50mm，释放钢球，观察试样被冲击部位是否有损伤，并根据损伤做处理。如果试样没有损伤，调高支撑杆高度50mm后继续冲击，

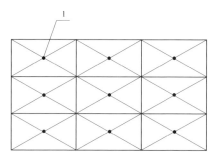

图3-16　落球点冲击位置示意图
1.冲击点位置

直至试样损伤，将以上试样受冲击损伤时的冲击高度减去50mm的值作为冲击高度预估值。如果试样有损伤，则调低横向支撑杆10mm，另选择试样继续试验，直至试样冲击未损伤。将试样损伤对应的冲击高度减去10mm作为冲击高度预估值。以上每次冲击时，下一次冲击点应离已冲击点距离不小于10mm，且所有冲击点离试样边缘距离不小于10mm。

②预先标记冲击点位置。将试样放置在试样垫块标记的冲击点对应位置处，并在边部用柔性胶带适当固定试样。选择受外界物体冲击的一面作为冲击面，平面试样的受冲击面应保持水平状态，曲面试样测试时，应保持整个试样处于水平放置状态。

③调节横向支撑杆至冲击高度为预估冲击高度值，精确至1mm，冲击高度应为落球底部至试样冲击表面的垂直距离。

④开启定位激光发生器，然后移动试样垫块，使激光投射点与试样所需冲击点位置重合。试验冲击点顺序可选择试样任意一边为方向，依次从左至右、从上至下进行。

⑤将钢球放置在落球释放装置底端，开启落球释放按钮，使落球以自由落体方式冲击试样表面，每个冲击点只冲击1次。在冲击过程中，若钢球冲击回弹高度超过50mm时应及时接住取回，避免回落造成二次冲击试样，若存在二次冲击试样情况，则该样品作废。

⑥冲击完毕后，检查冲击点处损伤并拍照记录。

6）结果计算　根据试验具体情况，判定出有效试样，并按有效试样损伤对应的高度值作为该试样抵抗落球冲击的最大冲击高度值，

按下式计算冲击能量 E。

$$E=mgh \times 10^{-6}$$

式中：m 为冲击钢球质量，g；h 为冲击高度，mm；g 为重力加速度，9.8m/s²。

（6）直角撕裂强度测试仪器和方法

1）测试仪器　为力学试验机，性能参数要求与测试抗拉强度的设备相同即可。

2）试样　将薄膜裁剪成如图3-17所示的试样，裁剪设备如图3-10，裁刀如图3-18，裁剪出的试样如图3-19。纵横方向的试样各不少于5个，以试样撕裂时的裂口扩展方向作为试样方向。试样直角口处应无裂缝及伤痕，通过卡具固定在力学试验机上（图3-20）。

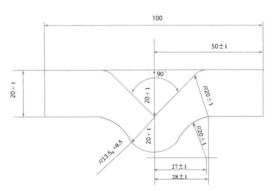

图3-17　测试撕裂强度的试样形状（单位：mm）

图3-18　用于裁剪试样的裁刀

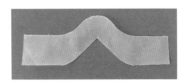

图3-19　裁剪出的薄膜试样

3）测试步骤　①测量试样直角口处的厚度作为试样厚度，将试样夹在试验机的夹具上，夹入部分不大于22mm，并使其受力方向与试样方向垂直。②在（200±20）mm/min的试验速度进行，记录最大负荷值。

4）结果计算　以试样撕裂过程中的最大负荷值作为直角撕裂负荷，直角撕裂强度σ_s按下式计算：

$$\sigma_s = \frac{P}{d}$$

式中：P为撕裂负荷，N；d为试样厚度，mm。

图3-20　抗撕裂试验

3.4　热工性能测试

3.4.1　测试指标　包括传热系数和热膨胀系数。

（1）传热系数　是总体反映覆盖材料传热性能的综合性指标，它综合考虑了覆盖材料自身的物理特性以及与周围环境的相互作用，即考虑了导热、对流和辐射3种基本传热方式的综合作用，直接表示覆盖材料两侧环境在温差为1K时单位时间内通过该材料单位面积的热量。传热系数为稳定状态下的热流密度与物体两侧环境的温度差的比值，综合反映了覆盖材料在使用条件下的最终传热结果，全面和直接地反映了温室覆盖材料的保温性能，根据其大小就可判定覆盖材料保温性能的优劣，也能够方便地进行温室热环境的定量计算分析，是准确评价覆盖材料的热工性能的评价指标。

（2）热膨胀系数　指在一定温度间隔内，试样的长度变化与温度间隔及试样初始长度的比值。

3.4.2　测试依据

《绝热.稳态传热性质的测定.标定和防护热箱法》（GB/T 13475—2008）、《玻璃平均线热膨胀系数的测定》（GB/T 16920—2015）。

3.4.3　传热系数测试仪器和方法

（1）原理　传热系数测试主要采用静态热箱法（简称热箱法）。因装置不同，热箱法又分为防护热箱法和标定热箱法（图3-21）。两种方法的测定原理是一致的，都是基于一维稳态传热原理。

　　基本的测定方法：试件一侧为热室，模拟温室内条件；另一侧为冷室，模拟室外气候条件。在试件缝隙处作密封处理，消除通过缝隙的空气渗透，在试件两侧各自保持稳定的空气温度、气流速度和热辐射条件下，测量热室中电加热装置的发热量，这一发热量减去通过热室壁面和试件框的热损失（这部分热量对防护热箱法为试件内不平衡热流量和流过计量箱壁的热流量；对标定热箱法为流过计量箱壁的热流量和试件侧面引起的迂回热损），即得通过试件的热流量。这一传热量除以试件面积和两侧空气温差，即得试件的传热系数。

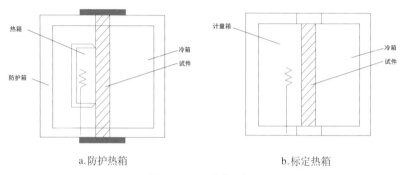

a.防护热箱　　　　　　　　　b.标定热箱

图3-21　不同热箱示意图

　　（2）测量设备　热箱法已被广泛应用于测定温室覆盖材料热工性能，但在测试过程中也存在一定的问题。主要表现在：一是在实验室条件下实验测定，虽然可以实现稳定的实验测试条件，但在已有的实验研究中，一般都未能反映室外天空辐射背景对覆盖材料传热的影响。温室内红外热辐射可透过透明的覆盖材料直接与天空进行辐射换热，且辐射换热量占很大比重，因此在温室覆盖材料传热系数的测试中，天空的辐射背景条件是一个很重要的影响因素。在这一点上温室的覆盖材料与建筑围护材料有很大的不同。由于多数建筑围护材料对于红外辐射是不透过的，因此在前述建筑围护材料的热箱法测试技术与设备均不考虑室内与室外直接的热辐射换热的问题。因此，建筑围护材料的热箱法测试技术与设备对于温室覆盖材料的传热系数测定是不能完全适用的。二是由于没有统一的测评标准，不同的研究者采用不同的热箱装置进行试验研究，出现试验条件（风速箱体内外气温以及辐射换热的环境等）不一致等问题，因而得出的测定结果可能会有较大的差异，实验测定结果的可比性差，因此也难以准确判定不同覆盖材料热工性能的优劣。

中国农业大学研制了针对温室覆盖材料的传热系数测试设备（图3-22）。该设备可模拟尽可能接近温室覆盖材料的实际使用情况，在稳定的测试环境（辐射环境、气流、温度等）条件下进行试验测定。测试台总体外形（长×宽×高）为3 000mm×2 000mm×2 500mm的箱体，箱体外壁采用保温性能良好的金属面聚苯乙烯泡沫

图3-22　温室覆盖材料传热系数测试设备

夹芯板，使测试台内部形成一个受外界干扰较小的独立的封闭空间。在箱体内部，隔板将测试台内部空间分为上下两部分，上部为冷箱（模拟室外环境），下部为防护箱，在防护箱内嵌套一个较小尺寸的箱体，即计量热箱（模拟温室内环境）。计量热箱的顶部安放待测的覆盖材料试件，其余4个侧面和底面为100mm厚的金属面聚苯乙烯泡沫夹芯板，内壁衬为5mm厚的PVC板，4个侧面的2种板之间15mm的间隙用膨胀珍珠岩填充，这些保温良好的构造可有效减少通过计量热箱侧面和底面传出的热量，使计量热箱内的热量大部分通过计量热箱的顶面，即覆盖材料面向外散出。在计量箱顶部安放的待测覆盖材料上方，是模拟室外天空的较低温度的天空辐射板。依靠箱内设置的轴流风机，可在覆盖材料上方模拟出室外风速的气流。进行覆盖材料传热测试时，通过各种调控装置，可以调控热箱、冷箱内的气温、冷天空辐射板的温度和气流速度，分别稳定地模拟出覆盖材料工作时的设施内、外气温、天空温度和室外风速。通过测定热箱内加温的热量，可计算出通过覆盖材料的热量，然后根据冷箱和热箱内的气温差以及覆盖材料面积，即可计算得出传热系数值。

（3）测试步骤

1）试样状态调节　对热流受到湿气影响的试样，记录状态调节情况。

2）试样的选择与安装　试样应选用或制成有代表性的。标定热箱法中，应考虑试件边缘的热桥对侧面迂回传热的影响。试件安装时，周边应密封，不让空气或潮气从边缘进入试样，也不从热的一侧传到冷的一侧。试样边缘应该绝热。

3）测试条件　考虑最终使用条件和对准确度的影响，通常应用中平均温度一般为 10～20 ℃，最小温差为20 ℃。

4）测量周期　对于稳态法试验，达到稳态所要求的时间取决于试样的热阻和热容量、表面系数、试样中存在的传质或湿气的重分布、设备自动控制器的类型及性能等因素。

（4）结果计算　对测得的数据进行处理分析，并通过下式计算传热系数值：

$$K=\frac{Q-\sum_{i=1}^{5}\Delta\theta_i \cdot A_i \cdot 1/R_i}{A \cdot \Delta t}$$

式中：K 为传热系数，W/（m²·K）；Q 为热箱中加热功率，W；A 为试件面积，m²；Δt 为热箱气温与冷箱气温之差，K；$\Delta\theta_i$ 为热箱壁内外表面温差，K；A_i 为热箱各壁面面积，m²；R_i 为热箱各壁板导热热阻，（m²·K）/W。

3.4.4　热膨胀系数测试仪器和方法

（1）原理　被测材料放在加热炉体内，随着温度升高，材料受热膨胀后膨胀量通过顶杆将膨胀量传递到位移传感器上，位移传感器所测得的位移量就是材料热膨胀变化的位移量。

（2）测试仪器　包括推杆式膨胀仪、加热炉和温度测量装置。推杆式膨胀仪应能测出每100mm 0.2 μm 长度变化量。测长计的接触力不应超过1.0N。加热炉应与膨胀仪装置相匹配，温度上限要比预期的转变测定温度高50 ℃，加热炉相对于膨胀仪的工作位置在轴向和径向上应具有0.5mm 以内的重现性。在试样温度范围内，在整个试样长度测定区间，炉温应能恒定控制在 ±1 ℃ 以内。加热炉升温速率为（5±1）℃ /min。温度测量装置能够准确测定试样温度，误

差小于 ± 1 ℃。

（3）试样　通常为棒状，形状取决于所用膨胀仪的类型。长度至少为膨胀仪测长装置测长分辨率的 $5×10^5$ 倍。每次试验测定两个试样。

（4）测试步骤

1）试样温度范围选择　标称基准温度为20 ℃，由于实际环境原因，温度可以为18 ~ 28 ℃，最佳终点为290 ~ 310 ℃，如果这个温度不适用，可选择190 ~ 210 ℃，特殊情况可选择95 ~ 105 ℃或390 ~ 410 ℃。

2）基准长度测定　在基准温度时，测定试样的基准长度，精度为0.1%。

3）升温试验　将试样放置在膨胀仪内，将炉温控制调到所需的加热程序开始升温，记录温度和相应的长度变化量，直至所需的终点温度。

4）恒温试验　加热使炉温达到所选择的终点温度，并保持炉温恒定到 ± 2 ℃，20min后从膨胀仪读取长度变化量。

5）结果计算　线膨胀系数 $\alpha(t_0;t)$ 可采用下式计算：

$$\alpha(t_0;t)= \frac{1}{L_0} \times \frac{L-L_0}{t-t_0}$$

式中：α 为线膨胀系数，1/℃；t_0 为初始温度或基准温度，℃；t 为试样加热后的温度，℃；L_0 为试样在温度 t_0 时的长度，mm；L 为试样在温度 t 时的长度，mm。

3.5　耐久性能测试

根据ISO国际标准，我国制定了《塑料实验室光源曝露试验方法 第1 ~ 4部分》（GB/T 16422.1—1996），为塑料的光老化试验规定了统一的试验条件和方法，并将材料的耐久时间定义为某项性能的保留率降到50%时的光曝露时间。计算光曝露时间性能指标的选择原则是选取材料对光照影响最敏感的性能，且该性能的下降将影响材料的使用功能。不同的材料、不同的用途，其最敏感性能指标有所不同。对于塑料薄膜，一般选取断裂伸长率作为最敏感性能指标。目前塑料薄膜和硬质塑料板的光老化性能测试方法主要包括自然气候暴露试验法和人工天候老化试验法。

3.5.1 自然气候暴露试验法

自然气候暴露试验是研究塑料薄膜等受自然气候作用的老化试验方法。它是将试样暴露于户外气候环境中受各种气候因素综合作用的老化试验，目的是评价试样经过规定的暴露阶段后所产生的变化。自然气候暴露试验比较近似于材料的实际使用环境情况，对材料的耐候性评价较为可靠，相关标准有《塑料大气暴露试验方法》（GB/T 3681—2000）。

（1）测试原理　将试样按规定暴露于自然日光下，经过规定的暴露阶段后，将试样从暴露架上取下，测定其光学、机械或其他有效性能的变化。暴露阶段可以用时间间隔、总太阳辐射量或太阳紫外辐射量表示。当暴露的主要目的是测定耐光老化性能时，用辐射量表示。

（2）测试仪器　暴露所用的设备是由框架、支持架和其他夹持装置组成的试验架，试验架材料应为不影响试验结果的惰性材料。装配时，使用的框架应能安装成所规定的倾斜角，并且试样的任何部分离地面或其他任何障碍物的距离都应不小于0.5m。试样可以直接装在框架上，或先装在支持架上再固定在框架上。固定装置应该牢固，但应尽可能使试样处于小的应力状态，并让试样自由收缩、翘曲和扩张。

（3）测试方法

1）试样　可用一块薄片或其他形状的样品进行暴露，暴露后从样品上切取试样。试样的尺寸应符合所用试验方法的规定或暴露后所要测定的一种多种性能的规范的规定。试样的数量应根据达到暴露后作相应的试验方法所规定的数量。

2）试样条件

①暴露方法：暴露方向应面向正南固定，并且根据暴露试验的目的确定与水平面形成倾斜角。为得到最大年总太阳辐射，在我国北方中纬度地区，与水平面的倾斜角应比纬度角小10°；为得到最大年紫外太阳辐射的暴露，在北纬40°以南地区，与水平线倾斜角应为5°～10°。

②暴露地点：暴露试验地点应该选择远离树木和建筑物的空地，保持自然状态，无有害气体、尘粒等影响。对于向南45°倾斜角的暴露，在东、西、南方向仰角大于20°及在北方向仰角大于45°范围内没有任何障碍物，包括附近的框架。对于小于30°倾斜角的暴露，则在北方向大于20°的仰角方位内不应有任何障碍物。

③暴露阶段：通常在暴露前应先预估试样的老化寿命而预定试验周期。一般暴露阶段应选择1、3、6、9个月或1、1.5、2、3、4、6年等为暴露期。

3）试验步骤

①试样安放：确保用于机械测试的试样按其形状的不同加以固定，确保不会因固定方法对试样施加应力。在每个试样的背面做不易消除的记号以示区别。辐射仪应安置在样品暴露试验架的附近。暴露的试样，在暴露期间不应清洗。除非应用规范有要求，如需清洗，要用蒸馏水。定期检查和保养暴露地点，记录试样的一般状态。

②性能变化的测定：试样经过一个或多个暴露阶段后取下，按适当的测试方法测定外观、颜色、光泽和机械性能的变化。测试时，按照状态调节要求尽快进行测试，并记录暴露终止和测试开始之间的时间间隔。

3.5.2 人工天候老化试验法

人工天候老化试验是采用模拟和强化大气环境为主要因素的一种人工气候加速老化试验方法。该法可在较短时间内获得近似于常规大气暴露的结果。在自然气候暴露中，到达地面阳光的辐射特性和能量随气候、地点和时间而变化，影响老化进程。人工气候老化测试是将试样暴露于规定的环境条件和实验室光源下，通过测定试样表面的辐照度或辐照量与试样性能的变化，以评定受试材料的耐候性。在实验环境方面，主要是采用灯作光源，模拟太阳光并辐射出特别强的紫外光；采取喷淋雾化水的方法，模拟自然气候中雨水和露水。通过重复开灯和关灯周期性作用，在关灯时，室内保持高湿状态，使试样表面结露；开灯时，让其蒸发。这样的重复双循环方式，使加速效果更为明显。在温度、湿度可控的情况下，产生臭氧、二氧化硫和氮氧化物，模拟工业环境和大气中存在的其他有害因素的影响。相关标准有《塑料氙灯光源暴露试验方法》（GB/T 9344—1988）。

（1）**测试仪器** 为氙灯老化试验机。该设备包括光源、试样架及传感装置、润湿装置、控湿装置、温度传感器、控制试样湿润或非湿润时间程序，以及非辐射时间程序装置。图3-23为ATLAS Ci3000氙灯老化试验箱，该设备支持4 500W大功率水冷式氙灯灯管，总暴晒面积达到2 188cm²，适于不同透光覆盖材料的人工老化试验。

图3-23 氙灯老化试验机

（2）**测试方法**

1）试样条件

①光源：人工光源的光谱特性应与导致材料老化破坏最敏感的波长相近，并结合试验目的和材料的使用环境来考虑。

②温度：空气温度选择50 ℃左右，以材料使用最高气温为依据，比其稍微高一些。黑板温度以材料在使用环境中材料表面最高温度为依据，比其稍微高一些，多选择（63±3）℃。

③相对湿度：以材料在使用环境所在地年平均相对湿度为依据，通常为50%～70%。

④降雨（喷水）或凝露周期降雨（喷水）条件的选择：以自然气候的降雨数据为依据。降雨（喷水）周期以降雨（喷水）时间/不降雨（喷水）时间表示，选择18min/102min、12min/48min、3min/7min、5min/25min。人工老化降雨（喷水）采用蒸馏水或去离子水，为此测试需要配备纯水机（图3-24）。

图3-24 纯水机

2）试样 试样的尺寸根据暴露后测试性能有关试验方法的要求确定。试样可以以片状或其他形式暴露，并按试验要求裁样。

试样的数量由暴露后测试性能的试验方法确定，暴露阶段的每种材料至少准备3个重复试验的试样，每个暴露试验应包括1个已知耐候性的参照试样。

试样在测试前要保持测试所需的状态条件，对比试样应储存在正常实验条件下的黑暗处。

3）试验步骤

①试样以不受应力的状态固定于试样架上，在非测试面做标记。

②在试样放入试验箱前，应将设备调整并稳定在选定的试验条件下，并在试样过程中保持恒定。在暴露中应以一定次序变换试样在垂直方向的位置，使每个试样面尽可能受到均匀的辐射。

③在试验中，要用干净、无磨损作用布定时清洗滤光片。如出现变色、模拟、破裂时，应立即更换。

④使用仪器法测量辐照量，辐照仪的安装位置应使它能显示试样面的辐射。

⑤试样暴露后的测定：通过目测或仪器检测试样表现在暴露前后的龟裂、斑点、颜色变化及尺寸稳定性。按有关测试标准测定暴露前后试样性能变化。

3.6 防露滴性能测试

选用具有流滴性能的温室塑料覆盖材料已经成为广大温室生产者的共识。作为温室透光覆盖材料的塑料薄膜或硬质塑料板材料，流滴性能应成为其应用功能的一项特定质量检测指标。现行的测试方法可分为五类：①根据固体表面润湿原理测量其接触角和表面润湿张力，从判断塑料表面的润湿性能分析材料的流滴性；②根据塑料表面的露滴凝聚现象来判断塑料表面的流滴性能；③测定结露条件下材料透光率下降的程度来判断材料的流滴性；④现场目测法；⑤新型测试方法——倾斜面上滞留水滴面积比法，该方法已形成了农业行业标准《温室透光覆盖材料防露滴性测试方法》（NY/T 1452—2007）。

3.6.1 根据润湿原理的测试判断方法

根据润湿原理，添加在塑料内的流滴剂在塑料表面定向排列，亲水基向外与水结合，降低水的表面张力，提高水对塑料表面的润湿能力，表现为水滴在塑料表面的接触角减小，呈铺展趋势。根据润湿原理来判断材料流滴性能的方法主要有表面张力法和接触角法。

（1）表面张力法 测试液体在塑料表面的表面张力，与蒸馏水的表面张力（72mN/m）及塑料的临界表面张力加以比较来判断流滴性能。液体表面张力越小，越接近于塑料表面的临界表面张力，塑料表面的润湿性能越好，即流滴性能越好。几种温室透光覆盖材料的临界表面张力见表3-15。

表3-15 几种塑料材料的临界表面张力

材料类型	临界表面张力 /mN/m
聚乙烯	31
聚酯	43
聚氯乙烯	39
聚四氟乙烯	18

1）测试依据 《塑料膜和片润湿张力试验方法》（GB/T 14216—1993）。

2）测试原理 用逐渐增加表面张力的一系列试验混合液涂到塑料膜、片的表面上，直到混合液恰好使膜、片表面润湿，该混合液的润湿张力则为试样的润湿张力。

3）试样混合液 将试剂级的乙二醇独乙醚、甲酰胺、甲醇及蒸馏水等比例配制不同润湿张力的试验混合液，并保存在洁净的棕色玻璃瓶中。

4）试样 试样沿膜、片的横向在薄膜的全宽度上均匀裁取，取样时均应舍去外面几层，并使测试的试样表面不接触任何其他物质。尺寸一般为10cm×10cm。

5）测试步骤

①将试样水平放在光滑的试验台平面或平板上，用刷子或棉头棒涂敷试验混合液，应顺一方向在试样上水平移动棉棒涂敷，使混

合液立即扩散到至少20cm²的面积上。所涂液体的量应使之形成一薄膜面无积液的存在，每次试验应使用新的棉头。

②根据涂敷混合液2s以上液膜层的状态来判断润湿张力。如果液膜持续2s以上不破裂，则用下一较高表面张力的混合液重新涂在一新的试样上，直到液膜在2s破裂；如果连续液膜保持不到2s，则用较低表面张力的混合液，直至液膜能持续2s为止。用使试样表现润湿最接近2s的混合液至少测定3次，该混合液的润湿张力即试样的润湿张力。

（2）接触角测试判断法　根据润湿原理，水溶液的表面张力与塑料的临界表面张力越接近，水对塑料的润湿性就越好，接触角就越小；当水溶液的张力等于塑料的临界表面张力时，接触角等于0°，水在塑料表面完全展开。通过注射推管将蒸馏水1～2μL滴落在塑料材料表面，用接触角仪测量停留在塑料表面上水滴的接触角大小，如图3-25中的θ角，即可判断塑料材料的流滴性能优劣。实验测试结果表明，目前市售的无滴薄膜接触角一般为30°～50°。

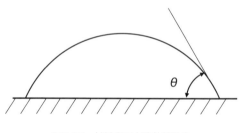

图3-25　材料表面水滴的接触角

3.6.2　根据流滴现象的测试判断法

根据凝结水在流滴性能好的塑料表面很快展开成水膜并沿着塑料材料表面下流的现象，来判断塑料的流滴性。一般来说，凝结水下落的时间越短，说明薄膜的流滴性能越好。实践中的具体做法有停滴面积法、烧杯法和流滴时间测试法等。

（1）停滴面积法　与接触角测试的方法相似，也是用针管在塑料表面滴落水滴，通过观察一定时间内水滴在塑料表面上的展开面积来确定塑料流滴性能。流滴性能较佳的塑料薄膜，5min润湿面积可增加1～2倍。

（2）烧杯法　在玻璃烧杯中装入2/3的温热水，上面罩放具有流滴性能的受检试样并用皮筋扎紧，观察水蒸气在薄膜下表面的凝聚状态。可通过计量薄膜表面凝结水珠的下落时间来判断材料的流滴性能；或者通过估算薄膜内壁附着的水滴面积百分比数将流滴性能分成 5 ~ 10 个等级来评价材料的流滴性。

（3）流滴时间测试法 通过测试塑料薄膜下表面的初滴时间和流滴性能失效时间来比较不同塑料薄膜的流滴性能。

1）测试依据 《农业用聚乙烯吹塑棚膜》（GB/T 4455—2019）。

2）测试仪器 为流滴试验仪，具体见图3-26。分度值为0.1s的秒表，分度值为1mm的直尺，量程为0 ~ 100℃、分度值为1℃的温度计。

3）试样 在平整、清洁无皱褶的待测薄膜上裁取450mm×450mm的试样2块，用于平行试验。

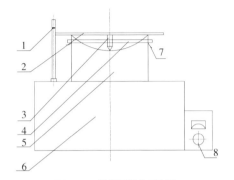

图3-26 流滴试验仪示意图

1.温度计；2.压锤板；3.压锤；4.喉箍；5.圆形试样罩；6.恒温水浴锅；7.试样；8.恒温水浴锅温度控制器

4）测试步骤

①试样在规定的（23±2）℃标准环境中放置不少于4h后测试。测试环境温度为（23±2）℃。

②向流滴试验仪的水槽注入不少于水槽深度2/3的水，并使之恒温（60±1）℃放置30min。

③在试验非测试面上按圆形试样罩的尺寸画出一个圆形，并以圆心为中点用半径将圆形平分为8等份或8的倍数等份。

④将试验的测试面朝向流滴试验仪，放上压板，压锤尖对准试验画出的圆心并拧紧喉箍，使试样绷平且松紧合适。

⑤将试验膜盖在流滴试验仪上，同时启动秒表，观察试样内表面露滴凝聚的情况，并记录初滴时间。

⑥在测试条件下持续扣膜，垂直于水平面观察薄膜，记录在不同时间性能失效的情况。每天观察不少于1次，用直尺测量并记录试验流滴性能失效部位在各划分区沿半径的长度R。计算并记录试样薄膜在各时间的流滴失效面积比$X_失$。当试样流滴性能失效面积比达到

白色露滴≥30%、有滴面积≥50%，有两种情况之一时试验结束，此时的时间为流滴性能失效时间，以天（d）为单位。

5）结果计算 流滴性能失效面积比按下式计算：

$$X_失 = \frac{\sum_{i=1}^{n} R_i^2}{nR^2} \times 100\%$$

式中：$X_失$ 为流滴性能失效面积比；R_i 为试样在流滴试验仪上从中心位置沿15°倾斜面所量出的流滴性能失效半径，mm；R 为试样流滴试验仪上从中心位置沿15°倾斜面到水浴锅边沿的半径，取值155mm；n 为试样在流滴试验仪上被测部分所划分的等份数，不得少于8。当聚集露滴在测试面上无规律分布时，应加大 n，使之成为8等份的倍数。

3.6.3 测定透光率判断材料流滴性能的方法

由于流滴性能对于温室生产的最直接影响是使其透光率下降，因此实际生产中一般要求在有凝结水滴的状态下，透光覆盖材料的透光率下降不超过30%，否则可视为覆盖材料没有进行流滴处理或者流滴性能失效。通过测定材料在结露条件下的透光率，可间接地判断材料的流滴性。

3.6.4 现场目测法

现场目测法，即在温室生产现场直接观察塑料表面是否有流滴的痕迹。如果观测到表面结露水滴密集地不规则排列，并有大量水滴直接向下垂直滴落，则可判断材料不具备流滴性；如果材料表面有明显的流滴痕迹，表面结露水滴较少，透明度高，则表明材料具有流滴性能。也有的按结露面积占覆盖材料面积的百分比评价材料的流滴性能，一般认为当露滴面积≥50%，该材料失去流滴性。

3.6.5 倾斜面上滞留水滴面积比法

（1）测试原理 采用倾斜面就是充分考虑了透光覆盖材料在温室上使用的现实条件。用滞留水滴多少来判断材料的流滴性能是基于无滴材料在倾斜面上几乎没有水滴滞留的现象和要求提出的。无流滴特性的材料表面结露后由于表面张力的作用，水滴由小变大集聚，在重力的作用下直接垂直向下滴落，而不能进一步汇集在材料表面形成径流。在水滴不断滴落的同时又有新的水滴不断形成，在材料表面总是有大小水滴长期密布；而具有流滴特性的材料在表面结露后，水滴将呈铺展趋势并最终能形成表面径流，在流动过程中将径流路线上的全部水滴同时带走，不断形成的水滴将不断沿材料表面下流，材料表面不能形成长期密布的水滴，而只能看到不规则的径流流线。所以测定材料表面滞留水滴的多少是采用反证原理，不直接测定流滴材料流滴性的好坏，而是测定材料不具备流滴性的程度，从事物的反面来判定材料的流滴性。

本方法主要是将温室透光覆盖材料按一定条件覆盖在恒温水浴箱上，达到稳定的结露状态后，通过拍照及图像处理等分析计算材料表面的露滴滞留率，即滞留在温室透光覆盖材料表面上的凝结水滴面积占总面积的百分比。

（2）测试设备　包括恒温水浴箱、分辨率不低于500万像素的相机、试样固定架及图像处理软件。恒温水浴箱要求温度在0～100℃可调，内壁尺寸（长×宽×高）不小于60cm×30cm×15cm，具体设备见图3-27。测试时，恒温水浴箱放在室温条件下进行，水温保持在（45±1）℃。恒温水浴箱中水面高度应控制在水浴箱高度的1/3～1/2。水汽室中空气相对湿度为100%。

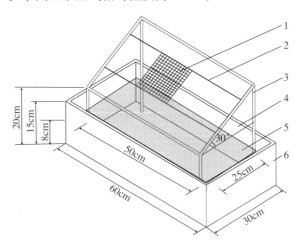

图3-27　测试设备示意图

1.试样放置窗口；2.吸水海绵条；3.试样固定架；4.水汽室；5.水面；6.恒温水浴箱

（3）测试步骤

1）试样准备　试样厚度应均匀，不应有气泡，表面应平整光滑且洁净、无划伤、无异物和油污等。试样规格（长×宽）为22cm×22cm的正方形，每种材料试样不少于3个，且不进行表面预处理。

2）试样状态调节　按照《塑料试样状态调节和试验的标准环境》（GB/T 2918—1998）规定的"18～28℃"室温环境下进行试样状态调节，状态调节时间不少于4h。

3）试验步骤

①用普通塑料薄膜或其他材料密封覆盖试样固定架除底部外的所有表面，仅在斜面中央预留20cm×20cm的窗口。

②在试样（22cm×22cm）的外表面中心位置用记号笔画出10cm×10cm的方框，然后将试样放置在试样固定架斜面中央的预留窗口，用透明胶带将试样固定，并采取相应措施保持试样与试样固定架之间的密封性。

③设定好恒温水浴箱的试验温度，接通恒温水浴箱电源，使恒温水浴箱中的水温达到设定温度并稳定保持10min以上。

④将固定好试样的试样固定架放置在恒温水浴箱上，2h后照相。将相机镜头与试样垂直，置于试样中心上方10cm处。照相范围取试样中心标记的10cm×10cm大小。在所拍照片的中心及其四周对角线上均匀选取5处2cm×2cm面积。

（4）结果计算　通过图像分析软件进行分析，计算每块面积上的露滴滞留率。图3-28为试样表面分析位置示意图。每次试验结果为以上5块面积上分析结果的算术平均值。

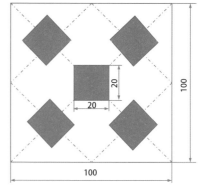

图3-28　试样表面分析位置示意图
（单位：mm）

3.6.6　流滴性试验方法优缺点分析

对于添加不同流滴剂、具有不同流滴性能的塑料材料，分别用根据润湿原理测试判断法、根据流滴现象的测试判断法、测定透光率判断材料流滴性能的方法及现场目测法进行测试，不同材料测试结果差别不大，较难准确直观地判断不同材料的优劣。除了按薄膜内壁附着的水滴面积百分比来评价可以从直观上判断塑料材料是否流滴外，其他几种方法都没有明确的判断标准；或者即使提出判断标准（如接触角法和流滴时间测试法），也只是基于对几种假定为流滴的薄膜进行试验的推断标准，缺乏理论依据和实际使用的反馈验证信息；而且，这些方法都没有结合农业生产对温室透光覆盖材料的具体要求来提出确切的判断材料是否具有流滴特性的指标。因此，这些方法只是对于在同一试验条件下定性地比较说明塑料材料表面的流滴性能好坏具有一定意义；而对于用户来说，由于没有明确的量化指标依据来具体判断所购的覆盖材料是否适用于温室生产中的流滴要求，所以对用户的实际指导意义不强。

4 温室典型透光覆盖材料的性能及使用要求

4.1 玻璃

玻璃是非晶无机非金属材料，一般是用多种无机矿物（如石英砂、硼砂、硼酸、重晶石、碳酸钡、石灰石、长石、纯碱等）为主要原料，另外加入少量辅助原料制成的。玻璃的主要成分为二氧化硅和其他氧化物，化学组成是 Na_2SiO_3、$CaSiO_3$、SiO_2 或 $Na_2O \cdot CaO \cdot 6SiO_2$ 等，主要成分是硅酸盐复盐，是一种无规则结构的非晶态固体。玻璃被广泛应用于建筑物，用来隔风和透光，属于混合物。另有混入了某些金属的氧化物或者盐类而显现出颜色的有色玻璃，以及通过物理或者化学的方法制得的钢化玻璃等。有时把一些透明的塑料（如聚甲基丙烯酸甲酯）也称作有机玻璃。玻璃温室指以玻璃作透光覆盖材料的温室，在栽培设施中，玻璃温室作为使用寿命最长的一种形式，适合于多种地区和各种气候条件下使用。目前玻璃温室常用玻璃分为普通平板玻璃、浮法玻璃、中空玻璃、钢化玻璃、超白玻璃、减反射玻璃、散射玻璃等。

4.1.1 平板玻璃

平板玻璃也称白片玻璃或净片玻璃，其化学成分一般属于钠钙硅酸盐，重量比的组成：SiO_2（70%～73%）、Al_2O_3（0～3%）、CaO（6%～12%）、MgO（0～4%）、Na_2O+K_2O（12%～16%）。平板玻璃具有透光、保温、隔声、耐磨、耐气候变化等性能。

平板玻璃主要物理性能指标见表4-1。

表4-1　平板玻璃物理性能指标

指标名称	指标值	备注
折射率	1.52	
透光率/%	≥85	2mm厚玻璃，有色和带涂层者除外
软化温度/℃	650 ～ 700	
热导率/ W/ (m·K)	0.81 ～ 0.93	
热膨胀系数/1/℃	$(9 \sim 10) \times 10^{-6}$	
密度/ g/cm³	2.5	
抗弯强度/ MPa	16 ～ 60	

　　平板玻璃透光性能好，3mm和5mm厚的无色透明平板玻璃的可见光透射率分别为88%和86%，对太阳中近红外射线的透过率较高。无色透明平板玻璃对太阳光中紫外线的透过率较低。平板玻璃具有隔声和一定的保温性能，其抗拉强度远小于抗压强度，是典型的脆性材料。平板玻璃具有较高的化学稳定性，通常情况下，对酸、碱、盐及化学试剂及气体有较强的抵抗能力，但长期遭受侵蚀介质的作用也能导致质变和破坏，如玻璃的风化和发霉都会导致外观破坏和透光能力降低。平板玻璃热稳定性较差，急冷急热，易发生爆裂。平板玻璃加工工艺见图4-1。

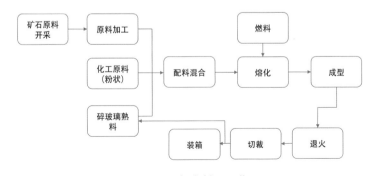

图4-1　平板玻璃加工工艺

平板玻璃按厚度可分为薄玻璃、厚玻璃、特厚玻璃；按表面状态可分为普通平板玻璃、压花玻璃、磨光玻璃、浮法玻璃等。平板玻璃还可以通过着色、表面处理、复合等工艺制成具有不同色彩和各种特殊性能的制品，如吸热玻璃、热反射玻璃、选择吸收玻璃、中空玻璃、钢化玻璃、夹层玻璃、夹丝网玻璃、颜色玻璃等。普通平板玻璃厚度通常为2、3、5、6、8、10、12mm直至19mm等，用于一般建筑、厂房、仓库等，也可用它加工成毛玻璃、彩色釉面玻璃等，厚度在5mm以上的可以作为生产磨光玻璃的毛坯。一般2、3mm厚的适用于民用建筑物，4～6mm厚的用于工业和高层建筑，温室多采用4、5mm厚的玻璃。

影响平板玻璃质量的缺陷主要有气泡、结石和波筋。气泡是玻璃体中潜藏的空洞，是在制造过程中的冷却阶段处理不慎而产生的。结石俗称疙瘩，也称沙粒，是存在于玻璃中的固体夹杂物，这是玻璃体内最危险的缺陷。它不仅破坏了玻璃制品的外观和光学均一性，而且会大大降低玻璃制品的机械强度和热稳定性，甚至会使其自行碎裂。

好的平板玻璃制品应是无色透明的或稍带淡绿色，薄厚应均匀，尺寸应规范，没有或少有气泡、结石和波筋、划痕等疵点。在选购玻璃时，可以先把两块玻璃平放在一起，使相互吻合，揭开来时，若使很大的力气，则说明玻璃很平整。另外要仔细观察玻璃中有无气泡、结石和波筋、划痕等，质量好的玻璃距60cm远，背光线肉眼观察，不允许有大的或集中的气泡，不允许有缺角或裂子，玻璃表面允许看出的波筋、线道的最大角度不应超过45°；划痕沙粒应以少为佳。玻璃在潮湿的地方长期存放，表面会形成一层白翳，使玻璃的透明度大大降低，挑选时要加以注意。

4.1.2 浮法玻璃

浮法玻璃是用海沙、石英砂岩粉、纯碱、白云石等原料，按一定比例配制，经熔窑高温熔融，玻璃液从池窑连续流至并浮在金属液面上，摊成厚度均匀平整、经火抛光的玻璃带，冷却硬化后脱离金属液，再经退火切割而成的透明无色平板玻璃。玻璃表面特别平整光滑，厚度非常均匀，光学畸变很小。浮法玻璃按外观质量分为优等品、一等品、合格品三类；按厚度分为3、4、5、6、8、10、12、15、19mm九种。浮法玻璃应用广泛，分为着色玻璃、浮法银镜、浮法玻璃/汽车挡风级、浮法玻璃/各类深加工级、浮法玻璃/扫描仪级、浮法玻璃/镀膜级、浮法玻璃/制镜级。浮法玻璃加工工艺见图4-2。

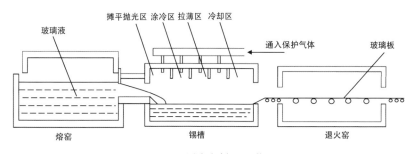

图4-2　浮法玻璃加工工艺

玻璃温室建造最常用的为浮法平板玻璃，它具有表面质量好、规格大、品种多的特点。由于成形、退火和切裁都是水平的，便于机械化、自动化生产，因此，采用浮法工艺可以生产出大板宽和多种厚度的平板玻璃。国外浮法玻璃生产线可生产宽5.6m、厚0.55～30mm的平板玻璃，我国生产的浮法玻璃宽2～3.6m。

4.1.3　中空玻璃

中空玻璃是将两片或多片玻璃以有效支撑均匀隔开并周边黏结密封，使玻璃层间形成有干燥气体空间的玻璃制品。中空玻璃具有优良的隔热性能，(3+12+3) mm厚的中空玻璃，其隔热能力不亚于100mm厚的混凝土墙，采用更厚的玻璃，或三层玻璃加两层空气层，则隔热性能更好；同时中空玻璃还具备优良的隔音性能，一般可使噪音衰减约30dB，最高可使噪音衰减50dB左右。相比砖墙或混凝土墙体又轻得多，在节能建筑中，中空玻璃以其不可替代的优越性能而被广泛使用。中空玻璃包括钢化中空玻璃、夹层中空玻璃、钢化夹层中空玻璃等，还有釉面钢化中空玻璃、彩绘或雕花中空玻璃、异形中空玻璃、各种弧形中空玻璃等。

玻璃温室一般四周围护为中空玻璃，如 (5+6+5) mm或 (4+6+4) mm。

平常用于种植生产的玻璃温室采用普通中空玻璃，而生态餐厅一般
采用中空钢化玻璃。北方冬季一般气温较低，采用中空玻璃能提高
温室的保温性能；如果生态餐厅温室用中空玻璃，还能起到降低噪
音的作用。

4.1.4 钢化玻璃

钢化玻璃是一种预应力玻璃，为提高玻璃的强度，通常使用化
学或物理的方法，在玻璃表面形成压应力，玻璃承受外力时首先抵
消表层应力，从而提高了承载能力，增强了玻璃自身抗风压性、冲
击性等。

钢化玻璃具有安全性，属于安全玻璃。当玻璃受外力破坏时，
碎片会呈类似蜂窝状的钝角碎小颗粒，不易对人体造成严重的伤害。
钢化玻璃具备高强度，同等厚度的钢化玻璃抗冲击强度是普通玻璃
的 3～5 倍，抗弯曲强度是普通玻璃的 3～5 倍；热稳定性高，能承
受的温差是普通玻璃的 3 倍，可承受 300 ℃的温差变化。

钢化度是表征钢化玻璃中钢化应力和分布状态的指标，其值可
由玻璃破碎后的颗粒尺寸来衡量，钢化度越高，碎片越小。钢化玻
璃按照钢化度可分为三种：①钢化玻璃，钢化度为 2～4N/cm，玻璃
幕墙钢化玻璃表面应力大于 95MPa；②半钢化玻璃，钢化度为 2N/cm，
玻璃幕墙半钢化玻璃表面应力 24～69MPa；③超强钢化玻璃，钢化
度为 4N/cm。

4.1.5 超白玻璃

超白玻璃是一种超透明低铁玻璃，也是一种高品质、多功能的
新型高档玻璃品种，透光率可达 91.5% 以上。超白玻璃同时具备优
质浮法玻璃所具有的一切可加工性能，具有优越的物理、机械及光
学性能，可像其他优质浮法玻璃一样进行各种深加工。超白玻璃自
爆率低，因为原材料中一般含有的 NiS 等杂质较少，在原料熔化过程
中控制精细，使得超白玻璃相对普通玻璃具有更加均一的成分，其
内部杂质更少，从而大大降低了钢化后可能自爆的概率。超白玻璃
原料中含铁量仅为普通玻璃的 1/10 甚至更低，相对普通玻璃对可见
光中的绿色和紫红色波段吸收较少，确保了玻璃颜色的一致性；可
见光透过率高，通透性好，6mm 厚玻璃可见光透过率大于 91%。超

白玻璃售价是普通玻璃的1～2倍，成本相对普通玻璃提高不多。

4.1.6 减反射玻璃

减反射玻璃也称为高增透性镀膜玻璃或减反射镀膜玻璃，主要是基于纳米多孔二氧化硅技术，在普通的强化玻璃表面镀上一层减反射膜，以降低玻璃表面的反射率，同时提高太阳光的透光率。

减反射玻璃具有高透光率，可见光透过率最高峰值达到99%，可见光平均透过率超过95%；平均反射率低于4%，最低值小于0.5%；紫外线光谱区透过率低，可有效阻绝紫外线；耐500℃高温，防刮耐磨性佳，玻璃膜层硬度与玻璃相当，大于7H（一般PC板硬度为2～3H）；耐酸、碱清洗剂清洗擦拭，膜层不受损坏；抗冲击性强，3mm厚玻璃的冲击性能相当于6mm的PMMA板，冷热变形几乎可以忽略不计，适用于各种环境。

减反射玻璃作为覆盖材料对番茄作物生长具有明显的促进作用，采用减反射玻璃作为覆盖材料的温室生产的番茄产量可提高15%以上，营养指标也明显优于普通浮法玻璃温室，其中可溶性固形物含量提高12%以上，维生素C含量提高10%以上，糖酸比提高17以上，口味更适宜，番茄红素提高10%以上，重金属及农药残留指标均符合绿色食品的要求。

4.1.7 散射玻璃

散射玻璃是通过玻璃表面特殊的花型设计和减反射技术制成的，能够最大限度将太阳光变为散射光进入温室，提高作物光合作用，增加产量。采用散射玻璃的温室种植番茄、黄瓜等可比透明浮法玻璃温室增产20%以上，且果实中维生素C、维生素E、可溶性糖含量大幅提高。散射玻璃与普通浮法玻璃相比，具备高透光、高散射、无滴露、长寿命的特点。通过减反射技术使散射玻璃可见光透射比由91.7%提升到97.5%，对比没有减反射处理的玻璃，全天可以多15%的阳光进入温室。散射玻璃可将直射光变为散射光，降低作物冠层的辐射强度，减少作物的光抑制效应，被散射后的光线在温室有更大的扩散面积，保证垂直生长作物茎部的正常光照，防止根部灰霉病的滋生。散射玻璃厚度为4mm、5mm，可见光波段（380～780nm）的透光率≥97.5%，波段400～700nm的透光率≥99.2%，雾度值为20%、30%、50%、70%。

4.2 塑料薄膜

塑料薄膜是用聚氯乙烯、聚乙烯、聚丙烯、聚苯乙烯以及其他树脂制成的薄膜，用于包装及用作覆膜层。温室常用的塑料薄膜有PE膜、PO膜、PVC膜、PVF膜、EVA膜、ETFE膜和功能性薄膜等。功能性薄膜主要有长寿膜、无滴膜、保温膜、复合功能膜和有色膜等。

4.2.1 PE膜

PE膜是以聚乙烯树脂为原料，采用吹塑法直接生产。PE膜为乳白色半透明，厚度为0.1~0.2mm，幅面较宽，最宽可达18m；质地柔软，具有防潮性，透湿性小，外界气温影响不明显，天冷不发硬；耐酸、耐碱、耐盐，不易产生有毒气体，对作物安全；不易沾染灰尘，透光性好；密度小，为0.92g/cm³，覆盖成本低。PE膜对红外线通过率很高，可达80%；保温性能差，在晴朗无风的早春夜间，温室内可能出现"逆温"现象，容易使作物遭受冻害；对紫外线的透过率高，紫外线对其分子结构的破坏力也大，影响其使用寿命；强度较差，回弹性不好，易撕裂，抗拉强度为17.7MPa，仅为PVC膜的64%。PE膜主要产品有普通PE膜、PE防老化膜、PE无滴防老化膜、PE保温膜和PE功能复合膜。

4.2.2 PO膜

PO膜是采用先进工艺，将PE和EVA多层复合而成的新型温室覆盖薄膜。该种薄膜综合了PE膜和EVA膜的优点，具有强度高、抗老化性能好、透光率高且衰减率低等特点，一般能连续使用5~6年，旧膜易处理，能作为再生资源，在燃烧处理时也不会散发有害气体。

PO膜透光率在90%以上，而普通PE膜为80%~85%，即使没有额外添加保温剂，PO膜的保温性能也好于普通PE膜。PO膜可以终身消雾，而普通PE膜不具备消雾性，即便是普通防雾膜，其消雾性能也是有限的。PO膜的流滴消雾性能，不是靠添加流滴剂和消雾剂，而是靠涂覆液，通过特殊工艺，将涂覆液涂在PO膜内表面，通过烘干成型。因此，PO膜流滴性能优异，流滴持效期可与膜的寿命同步；而普通PE膜，要么没有流滴功能，要么流滴持效期很短，一般只有3～4个月。PO膜有正反面，外面防老化，内面是涂覆层，流滴消雾。0.08mm厚PO膜的性能参数见表4-2。

表4-2　PO膜性能参数

指标名称	指标值
纵向拉伸强度/MPa	25
横向拉伸强度/MPa	27
纵向断裂伸长率/%	564
横向断裂伸长率/%	636
纵向直角撕裂强度/kN/m	94
横向直角撕裂强度/kN/m	96
透光率/%	90
雾度/%	21
初滴时间/s	26

4.2.3　PVC膜

PVC膜是以聚氯乙烯树脂为原料，加入增塑剂、稳定剂、着色剂、填充剂等各种助剂，按一定比例配制，配制料经高温塑炼，然后再用压延机压延成膜或用吹塑机吹塑成膜。PVC膜无色透明，一般厚度为0.09～0.13mm，强度较大，抗拉强度达到27.5MPa，红外线透光率为20%，保温性较好，耐酸、耐碱、耐盐。0.12mm厚PVC膜的性能参数见表4-3。

表4-3　PVC膜性能参数

指标名称	指标值
拉伸强度，纵横向/MPa	20～25
断裂伸长率，纵横向/%	280～350

（续）

指标名称	指标值
低温伸长率，纵横向 /%	26 ~ 32
直角撕裂强度，纵横向 /kN/m	50 ~ 60
透光率 /%	86.7 ~ 87.5
雾度 /%	10.7 ~ 13.3
远红外线阻隔率（7 ~ 11 μm）/%	74.7 ~ 76.5
紫外线透过率（280 ~ 390nm）/%	15.9 ~ 21.1
耐老化性能	自然气候暴露，使用寿命10个月
无滴性能	水沿薄膜表面下流，无反光水珠，覆盖温室流滴持效期≥5个月

　　PVC膜是最早用于温室覆盖材料使用的塑料薄膜，现在仍作为温室的主要覆盖材料在使用。目前PVC膜主要包括普通PVC棚膜、PVC防老化膜、PVC耐候无滴防尘膜。普通PVC膜在制膜过程不加入耐老化助剂，使用期为4 ~ 6个月，可生产一季作物，目前正逐步被淘汰。PVC防老化膜在原料中加入耐老化助剂经压延成膜，使用期8 ~ 10个月，有良好的透光性、保温性和耐候性。PVC耐候无滴防尘膜除具有耐候流滴特性外，因薄膜表面经过处理，透光率高，利于温室冬春栽培。

　　PVC膜由于表面增塑剂的析出，容易吸灰，导致透光性大幅度下降。不同类型、厚度均为0.1mm的塑料薄膜透光率随时间的变化情况见图4-3。同时，PVC膜还存在透气透湿率低、密度较大（1.4g/cm³）、单位质量的薄膜覆盖面积小、覆盖成本较高、耐候性差、低温下变硬脆化、高温下容易软化松弛等缺点。

4.2.4　PVF膜

　　PVF膜是一种硬质薄膜，是由氟和氟碳分子的共聚体挤压而成的一种热塑性高强度树脂，厚度为0.06 ~ 0.1mm，具有含氟化聚合物所有的优良性能，如耐候性、热稳定性、化学稳定性、低表面能

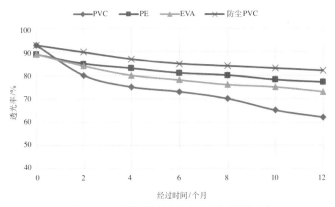

图4-3 不同类型塑料薄膜透光率随时间的变化

等，并且具有优良机械强度、耐磨强度，抗静电性强，尘染轻，是目前使用寿命最长的薄膜，可连续覆盖12～15年。PVF膜在加工制造过程中采用双向拉伸工艺，使得PVF的分子晶格沿纵、横两个方向挤压、排列，强化了PVF膜的物理强度。表4-4为不同厚度PVF膜的机械性能参数。但由于氟具有毒性，在制造过程中需将氟夹在中间层，避免使用时对环境造成污染，使用后需进行专门回收处理。

表4-4 PVF膜的机械性能

项目	方向	薄膜厚度/μm	
		50	38
拉伸强度/MPa	纵向	34.47～58.6	41.37～62.05
	横向	34.47～58.6	34.47～48.26
拉伸伸长率/%	纵向	130～250	220～320
	横向	130～250	280～420
150℃下最大收缩率/%	纵向	5	6
	横向	5	6

4.2.5 ETFE膜

ETFE膜为结晶性高聚物，是一种高分子塑料，最早是用于航空工业中，素有"塑料王"的美誉。ETFE膜的实际使用始于20世纪90年代，主要作为各种异型建筑物的覆膜材料，如运动场看台、建筑锥型顶、娱乐场（厅）、旋转餐厅、停车场、展览馆和博物馆篷盖等。2001年3月建设的英国伊甸园植物园一期、2006年德国世界杯体育场、2008年北京奥运会国家体育馆及国家游泳中心等场馆都使用了该种材料。

ETFE膜是透明建筑结构中品质优越的替代材料，多年来在许多工程中以其众多优点被证明为可信赖且经济实用的屋顶材料。ETFE膜使用寿命一般为25～35年，是用于永久性多层可移动屋顶结构的理想材料。该种膜材料多用于跨距为4m的两层或三层充气支撑结构，也可根据特殊工程的几何和气候条件，增大膜跨距。膜长度以易安装为标准，一般为15～30m，小跨度的单层结构也可用较小规格。

ETFE膜主要性能如下：

（1）基本力学性能　ETFE膜是一种坚韧的材料，各种机械性能达到较好的平衡，抗撕拉极强，抗张强度高，中等硬度，出色的抗冲击能力，伸缩寿命长。ETFE膜质量很轻，每平方米为0.15～0.35kg，这种特点使其即使在由于烟、火引起的膜融化情况下也具有相当的优势。ETFE膜制成的屋面和墙体质量轻，只有同等大小的玻璃质量的1%；韧性好，抗拉强度高，不易被撕裂，延展性大于400%。

（2）耐高低温和透光性　ETFE膜的使用温度范围较广，恒定温度通常为－65～150℃，在超低温时仍坚硬非凡，其脆化温度低至－100℃。ETFE膜熔点为256～280℃，燃烧时可自熄。ETFE膜的透光率可高达95%，该材料不阻挡紫外线等光的透射，以保证建筑内部自然光线。通过表面印刷，该材料的半透明度可进一步降低到50%。根据几何条件及膜的层数，其K值可高达2.0W/（$m^2 \cdot K$）。

（3）耐腐蚀性和耐候性　ETFE膜除熔融的碱金属外，几乎不受任何化学试剂腐蚀。例如在浓硫酸、硝酸、盐酸，甚至在王水中煮沸，其重量及性能均无变化，也几乎不溶于所有的溶剂，只在300℃以上稍溶于全烷烃（每100g中约0.1g）。

（4）高抗污和可再循环　摩擦系数极小，仅为聚乙烯的1/5，这是全氟碳表面的重要特征。抗黏着表面使其具有高抗污、易清洗的特点，通常雨水即可清除主要污垢。ETFE膜几乎不需要日常保养，清洁周期大约为5年。当膜面由于机械损坏时，可根据需要就地维修。ETFE膜为完全可再循环利用材料，可再次利用生产新的膜材料，或者分离杂质后生产其他ETFE产品。

温室中应用较多的ETFE膜是F-clean膜。该种膜是由日本旭硝子株式会社在20世纪80年代开始生产的新型温室覆盖材料，是为现代化设施农业研发的处于世界先进水平的绿色环保覆盖资材。

F-clean膜有自然光品种、折射光品种和防紫外线品种。自然光品种的F-clean膜光线可自由透过，在温室内创造出和露天栽培条件一样的光质条件。根据薄膜厚度的不同，有各自的使用期限。例如，160 μm厚的品种使用期一般为20 ～ 25年、100 μm为15 ～ 20年、80 μm为12 ～ 17年、60 μm厚为10 ～ 15年、50 μm为8 ～ 10年。折射光品种F-clean膜是通过对薄膜的内表面进行磨砂处理，使其呈"毛玻璃"状，可以使温室内光线均匀分散，温室内部光多散射，不易受温室骨架的影响，温室内的作物生长均一。防紫外线品种的F-clean膜根据紫外线的通过率可分为GR、GR80、GRU三种型号。其中，GR型号，轻度防紫外线，紫外线透过率50%；GR80型号，中度防紫外线，紫外线透过率20%；GRU型号，重度防紫外线，紫外线透过率10%。适当的阻止紫外线透过可以减缓温室内部材料的老化。

F-clean膜大规模引入中国是在1997年。该种薄膜以氟素树脂为原料，是兼具多种优异特点的高性能薄膜，适用温度范围为 - 100 ～ 180℃，夏天不会因为接触到被阳光照射发烫的金属骨架而变质，在寒冷的冬季不发生硬化和破裂。其主要技术性能如下。

（1）高透光性　F-clean膜透光率达到95%以上。不同类型覆盖材料的光线透过性能比较见图4-4。

（2）超强耐候性　F-clean膜基本不会因紫外线的照射而损伤，并且能够长时间保持原有的超高光线透过率和机械强度。不同覆盖材料耐候性能比较及其机械强度变化见图4-5。

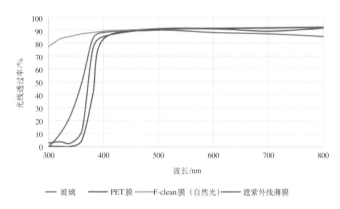

图4-4　不同类型覆盖材料的光线透过率

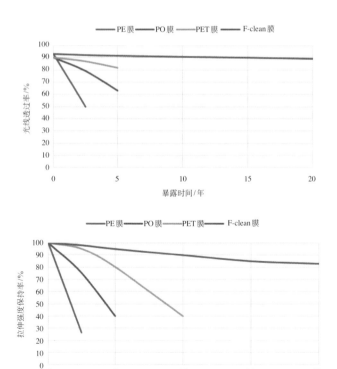

图4-5　不同覆盖材料的耐久性

（3）反射率低　F-clean膜对光线的反射率较低，能够让更多太阳光线进入温室内，给温室内的作物提供最佳的光照条件。图4-6是F-clean膜和玻璃两种温室覆盖材料的光线入射性能比较。在光线的入射角为10°时，F-clean膜光线的透过率为55%，玻璃的光线透过率为35%；在光线的入射角度为90°时，F-clean膜光线的透过率为90%，玻璃的光线透过率为83%。

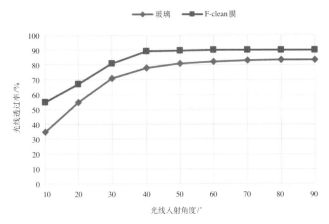

图4-6　F-clean膜和玻璃的光线透过率比较

（4）机械强度高　与其他覆盖材料相比，F-clean膜强度高，特别是拉伸强度优点突出。不同覆盖材料机械性能的比较见表4-5。

表4-5　F-clean膜与其他覆盖材料机械性能比较

覆盖材料类型	材料厚度/μm	抗拉强度/MPa	断裂伸长率/%
F-clean膜	60	44.1	400
PE薄膜	100	24.5	600
PO薄膜	150	34.3	600
PVC薄膜	130	19.6	300

（5）抗污性能好　与PE、PVC、PO膜等覆盖材料相比，F-clean

膜具有不沾污性能，主要因为F-clean膜表面张力小，为230μN/cm、而PE膜为340μN/cm、PVC膜为370μN/cm、PET膜为420μN/cm。F-clean膜与PVC膜在将污染物放置6个月后用干布擦除污染物的试验结果见表4-6。

表4-6　污染物擦除试验结果

污染物	F-clean膜	PVC膜
蜡笔	基本能擦除	基本不能擦除
油性水笔	基本能擦除	基本不能擦除
水性水笔	完全能擦除	一半能擦除
水性油墨	完全能擦除	基本不能擦除
辣油	完全能擦除	基本不能擦除
咖喱	完全能擦除	基本不能擦除
酱油	完全能擦除	基本不能擦除
指甲油	完全能擦除	基本不能擦除
口红	完全能擦除	基本不能擦除
染发液	基本能擦除	基本不能擦除
鞋油	基本能擦除	基本不能擦除

　　F-clean膜还能抗大部分化学药品的腐蚀。将F-clean膜浸泡在不同的化学试剂中，经过不同时间后对薄膜的长度和重量等变化进行测试（表4-7），当变化率不超过15%时，不影响使用。

表4-7　污染物擦除试验结果

化学试剂	温度/℃	时间/d	伸长保持率/%	重量增加率/%
硫酸78%	121	10	100	0.1
硫酸98%	121	10	100	0
硝酸25%	100	14	100	—

（续）

化学试剂	温度/℃	时间/d	伸长保持率/%	重量增加率/%
硝酸60%	120	10	100	0.7
硝酸70%	60	60	100	—
氢氧化钠10%	120	10	97	0
氢氧化钠50%	120	10	100	−0.3
氢氧化铵	66	7	98	0.1
氯气	90	10	94	—
溴	60	7	100	0.1
硫酰氯	70	7	100	6
二硫化碳	100	30	98	1.0
水	100	7	100	0

（6）适用作物广泛 F-clean膜可用作花卉、蔬菜、水果的生产，适用部分种类见表4-8。

表4-8 适用作物种类（部分）

类型	种类
花卉	红掌、大花蕙兰、竹芋、菊花、月季、满天星、百合、秋海棠、康乃馨、天竺葵、蝴蝶兰、一品红、仙客来、非洲菊、报春花、蕨类、宝莲灯、紫罗兰、三色堇、凤仙花、唐菖蒲、半枝莲、瓜叶菊等
蔬菜	番茄、黄瓜、茄子、辣椒、甜椒、菠菜、花椰菜、韭菜、荷兰芹、三叶芹、紫背天葵、木耳菜、田七、生菜、抱子甘蓝、紫苏、红苋菜等
水果	网纹甜瓜、菠萝、香蕉、木瓜、无花果、哈密瓜、草莓、西瓜、水果黄瓜、葡萄、橘子、桃子、芒果、石榴、樱桃、李子、黑莓、苹果等

F-clean膜还具备良好的保温性能。通常F-clean膜可以单层使

用，在寒冷地区可以双层使用，能够节省温室加温成本。具备良好的防雾滴性，能够保持7～8年无水滴，具有难燃型。F-clean膜用途广泛，除了在花卉、蔬菜、水果方面应用外，它也可以在畜牧和水产养殖领域、运动场所等使用。

4.2.6　PEP利得膜

PEP利得膜是针对单层PE、EVA的缺点加以克服改进，使其保有原来的优点，消除缺点，所制成的共挤压式（PE+EVA+PE）三层复合膜。主要特性如下：

（1）耐候性　含有比一般PE膜多出15%～35%的抗紫外线安定剂，保护棚膜因紫外线的照射而不受到伤害，使用寿命可达5年。因兼具有PE膜的耐温性及EVA膜的强韧性，故能抗高温及强风。

（2）透光性　透光率可达95%，因含有光扩散添加剂，其作用将部分的光线反射回去，53%的高折射光以柔和的光线进入温室，可增加全天光线到达作物表面的总光量，使阴影消失，增进光合作用并防止作物灼伤。

（3）保温性　中间层EVA是一种吸收红外线的材质，再加上红外线吸收剂，使其能吸收700～1 500nm波长的红外线，以阻止温室内热能的流失，降低夜间温度下降的速度，增强温室的保温性能。

（4）防尘处理及防流滴性　经由抗静电处理，使表面无静电，不易吸附灰尘。同时含有一种特殊的添加剂，增加薄膜的表面张力，不让雾气凝结成水滴，而使之顺薄膜流下。

PEP利得膜对于环境没有污染，适于不同类型温室，可大幅度提高作物的品质和产量。目前还有PEP绿白膜、PEP黑白膜等产品。PEP绿白膜由绿白两面组成，厚度为0.13mm，具有一定的透光性能，主要应用于温室食用菌的生产，克服了传统遮阳网覆盖方式在食用菌生产上的缺陷，有利于子实体的生长。PEP绿白膜通过膜对光线的控制，允许10%左右的光线进入，很好地阻隔掉了多余的光线和热能进入温室，降低温室内温度；可满足食用菌生产的需要，达到遮阳和降温的作用。夏天使用时，一层PEP绿白膜可取代两层遮阳网＋一层透明薄膜，降低了使用成本。普通透明膜吸热快，散热也快；相反，因为PEP绿白膜白天阻隔光线，晚上温室内热量散失也慢，所以有白天降温、晚上保温效果。冬天配合其他保温措施使用，可实现反季节栽培。与遮阳网相比，PEP绿白膜具有更长的使用寿命，使用方法得当可以连续使用5年以上，抗风抗拉强度高，产品的性价比高。

4.2.7 EVA膜

EVA膜是以乙烯-醋酸乙烯共聚物为主要原料，添加紫外线吸收剂、保温剂和防雾滴助剂等制造而成的多层复合薄膜，其特点是透光性好于PVC膜、保温性能好于PE膜，是介于PVC膜和PE膜中间的一种透光覆盖材料。EVA膜既克服了PE膜无滴持续期短和保温性差的缺点，也克服了PVC膜密度大、幅窄、易吸尘和耐候性差的不足。

EVA膜多为三层共挤，内层防雾流滴，中间保温，外层防老化，保温性、消雾流滴性、使用寿命等性能均较PE膜更好。整体来说，EVA膜性能较为稳定，价格也更高一些，适合北方地区喜温的茄果类蔬菜产区使用。目前温室上使用的棚膜，多数是三层共挤，部分高档农膜则采用四或五层共挤，且发展迅速。在同等条件下，三层共挤棚膜的物理机械性能要好于单层棚膜；五层共挤的棚膜要优于三层共挤棚膜。多层共挤棚膜，往往根据棚膜使用时的要求设计棚膜结构，内外层要求不一样，如外层要具有防老化功能，内层要有消雾流滴性，故扣棚时必须认真查看产品说明或棚膜上的标志，确认棚膜正反面后正确安装使用。

EVA膜与PE膜相比，具有较好的透光性，新膜的透光率为89.9%，比PE膜高1.9%，用5个月后，透光率为83.3%，比PE膜高4.3%。在较好的外保温条件下，EVA膜具有较好的保温效果，室内最高气温比PE膜覆盖的高2.0～2.3℃，最低气温高1.1～1.8℃。同时，EVA膜覆盖具有促进果树、蔬菜生长发育，提早开花结实，提高产量和质量的作用。

4.2.8 PET膜

PET膜以聚对苯二甲酸乙二醇酯为原料，采用挤出法制成厚片，再经双向拉伸制成的薄膜。PET膜是一种无色透明、有光泽、性能较为全面的高分子塑料薄膜，其机械性能优良，韧性、抗张强度和抗冲击强度比一般薄膜高得多。PET的化学结构对称、分子链堆砌紧密、容易结晶取向，使其具有优异的阻隔性能。PET膜还具有优良的耐化学品、耐高低温、耐油、电绝缘性等，静态吸附能力很弱、很少甚至不结尘，可以长期保持良好的透光性能。PET膜的物理性能参数见表4-9。

表4-9　PET膜的物理性能参数

名称	指标
密度/g/cm³	1.38 ~ 1.40
熔点/℃	255 ~ 265
温度膨胀系数/1/℃	27×10^{-6}
厚度偏差/%	3
直射光透射率/%	>90
全光透射率/%	>91
低温冲击度/kgf·cm	200
拉伸强度/MPa	>150
纵向断裂伸缩率/%	≥60
纵向热收缩率/%	≤1.5
横向热收缩率/%	≤0.5

PET耐候性优良，PET薄膜人工气候老化的拉伸性能变化参数见表4-10。在人工老化气候条件下1 000h后，PET膜断裂伸长率和拉伸强度基本上保持在其初始性能的80%以上。

表4-10　PET薄膜人工气候老化拉伸性能变化

老化时间/h	拉伸强度/Mpa	保持率/%	断裂伸长率/%	保持率/%
0	165.8	100	68	100
250	161.7	97.5	64	94.1
500	154.7	93.3	62	91.2
750	154.1	88.1	60	88.2
1 000	138.7	83.7	54	79.4

根据原料和拉伸工艺不同，可将PET膜分为单向拉伸聚酯薄膜

和双向拉伸聚酯薄膜。前者是利用半消光料，经过干燥、熔融、挤出、铸片和纵向拉伸的薄膜，目前使用量较少，约占聚酯薄膜领域的5%。后者掺杂了二氧化钛，经过干燥、熔融、挤出、铸片和纵横拉伸等一系列的步骤制成，具有透光率和强度高、刚性好等特点，有极好的耐磨性、耐热性、耐水性、耐化学品性、抗静电性、耐穿孔性、抗撕裂性等性能。由于PET膜的表面能较低，影响其应用范围，可以通过表面接枝、等离子体处理、机械磨蚀、化学蚀刻、偶联剂处理等化学及物理共混的方法来改善其表面性能，使其满足各种应用的要求，延长其使用寿命和拓宽其应用范围。

4.2.9　PETP膜

PETP膜是在PET膜的表面添加涂层改性得到的。改性后的膜在机械性能、光学性能、保温性能、防雾滴、抗静电的性能得到加强，更适于温室覆盖要求。

PETP膜对比其他薄膜有着优异的长波红外辐射阻隔性能。表4-11是PETP与其他覆盖材料的辐射透过率。在长波热辐射波段（5～25μm），0.15mm厚PETP膜热辐射透过率仅为11.33%，远小于PVC和PE薄膜的透过率；且随PETP膜厚度增加，其对长波红外辐射阻隔性能提升明显。

表4-11　不同透光覆盖材料的辐射透过率

覆盖材料	厚度/mm	能量占计算分段能量百分率/%		能量占计算分段能量百分率/%	
		7～14 μm	5～25 μm	7～14 μm	5～25 μm
PETP膜	0.15	2.36	11.33	0.99	9.2
PETP膜	0.10	5.62	16.43	2.35	13.34
PETP膜	0.04	18.93	34.16	7.93	27.73
PVC膜	0.10	47.71	49.90	19.89	40.4
PE膜	0.10	78.02	81.22	32.67	65.92
玻璃	5	0.03	0.15	0.01	0.12

(续)

覆盖材料	厚度/mm	能量占计算分段能量百分率/%		能量占计算分段能量百分率/%	
		7~14 μm	5~25 μm	7~14 μm	5~25 μm
PC中空板	8	0.04	0.3	0.02	0.24

PETP膜有很好的紫外阻隔性能（截至350nm以下有害紫外辐射），对PAR太阳辐射有很高的透射率，直射光透射率在90%以上。PETP膜对不同波段的光透射率见表4-12。

表4-12　不同透光覆盖材料对不同波段的光透射率

覆盖材料	厚度/mm	波长/nm			
		300~400	380~760	760~1 400	1 400~2 100
PETP膜	0.15	20.96	90.12	94.22	93.52
PETP膜	0.10	57.15	81.61	89	87.83
PETP膜	0.04	48.56	90.96	93.34	90.87
玻璃	5	59.99	90.59	78.47	84.07
PC中空板	8	1.04	56.76	63.34	58.05

表4-13为采用热箱法测试计算的不同厚度PETP膜的传热系数。0.1mm厚PETP膜的保温性能介于8mm厚PC中空板和0.15mm厚PVC膜之间，且随着厚度的增加，保温性能有所提高。

表4-13　不同透光覆盖材料的传热系数

项目	覆盖材料				
	PC中空板	PVC膜	PETP膜	PETP膜	PETP膜
厚度/mm	8	0.15	0.15	0.1	0.04
传热系数/W/（m^2·K）	4.28	6.26	4.94	5.33	5.86

4.2.10　功能性能薄膜

（1）**长寿膜**　薄膜在使用过程中受到阳光中的紫外线作用会发生氧化，尤其在夏季高温条件下，会加速这种氧化的过程。氧化会使薄膜变脆，严重的会自动断裂，失去使用价值，这一现象被称为薄膜的"老化"。老化的另一个后果，就是随着薄膜使用时间的增长，透光率逐渐变低，以至于不能满足设施生产的需要。为了抑制老化的进程，延长薄膜的使用寿命，需要在生产塑料薄膜时添加光稳定剂、热稳定剂、抗氧化剂和紫外线吸收剂等助剂，使之成为具有抗老化功能的长寿膜。这种抗老化性也叫"耐候性"。现在生产的聚氯乙烯膜和聚乙烯膜都有抗老化的长寿膜类型，而且已经被广泛地应用于生产。

高性能的长寿膜取决于基础树脂和抗老化剂的选择。生产PE长寿膜必须选用熔体流动指数（melt flow index，MI）为0.3～0.5的高压聚乙烯（high density polyethylene，HDPE）树脂，再配上高效受阻胺光稳定剂，才能达到长寿的目的。HDPE树脂由于分子质量高、分子质量分布窄、支链数少、催化剂残留量低，因此，对紫外光破坏能量的抵抗力强，耐候性能好。为了使各种助剂在薄膜中均匀分布，延长薄膜寿命，必须采用先制备母料的方法，即将MI为7～20的PE粒料与助剂混合，通过塑化、造粒，得到母料颗粒树脂用于薄膜生产。同时，还可适当增加薄膜厚度、减少厚度公差来延长薄膜使用时间。

对于PVC长寿膜则选用紫外线吸收剂，对膜的保护作用较强。PE长寿膜具有机械强度高、使用寿命长、无毒等特点，且透光性能好，透光率达到85%以上，不透水，不透气。此类薄膜既具有良好的保温保湿作用，又可保证光照度，使用温度范围为－55～60℃，适用于塑料大棚和地膜覆盖，可使种植蔬菜提高产量20%以上。除了在薄膜中加入各种光、热稳定剂，还可加入防雾剂。防雾剂主要有多元醇脂肪酸酯类、含聚氧乙烯化合物、带亲水基的低分子聚合物、胺和季铵盐类、含氟的表面活性剂等。研制的防雾长寿膜，其高温防雾效果可保持3个月无滴或少滴，低温防雾性能良好，耐老化时间可达一年半以上。

（2）无滴膜　是通过在配方中加入一种防雾滴助剂而生产出来的功能性薄膜。我国20世纪80年代开始引进并研发农用无滴膜，在冬季设施蔬菜生产中广泛应用。无滴膜不仅具备透光、保温、防老化及无滴功能，而且能将靠近棚膜的空气中的水汽吸附到膜的表面，形成水膜向下流滴，从而防止和消除棚内的雾气，降低空气相对湿度，增加光照度。

塑料材料透气性差。塑料温室在使用过程中湿度较高，室内散发的水蒸气不断凝结于膜的内表面，形成一些雾状水滴，影响透光率。聚集膜面水滴的"透镜作用"还会烧伤作物，滴落在作物表面的雾滴则增加了作物的发病率。采用无滴膜可以避免雾状水滴的产生。

聚氯乙烯、乙烯-醋酸乙烯均系极性分子，与防雾滴助剂的相容性好于聚乙烯，防雾滴持续期长。而聚乙烯是非极性分子，结晶度高，排异性强，与防雾滴助剂相容性差，防雾滴助剂向表面迁移速度快，防雾滴持效期短。国产无滴膜采用我国自行研发的聚多元醇酯类防雾滴或胺类复合型无滴剂，PE无滴膜持效期一般只有2～4个月，PVC无滴膜4～6个月，PE-EVA无滴膜也不过8个月左右。先进国家采用含有卤素的非离子表面活性剂，其无滴膜的防雾滴性能优良，流滴持效期可达1～5年，基本上与防老化同步。另外，对于硬质塑料覆盖，还可以用无滴喷剂直接在材料表面喷涂，持效期可达1～3年。

温室采用无滴膜作为覆盖材料，其室内相对湿度无论昼夜均低于普通膜温室。在晴天、阴天和雨天三种天气类型条件下比较，高值时间段（20：00至翌日10：00）均低于普通温室的相对湿度；低值时间段（10：00—16：00）均略高于普通棚室的相对湿度。在不同天气情况下，无滴膜覆盖的温室内温度、辐射照度均高于普通膜温室。由于无滴膜温室的小气候环境得到改善，室内作物的气传病害发生程度也轻于普通膜温室，种植的番茄、辣椒产量与普通温室相比，分别提高了16.4%和16.1%。

消雾型无滴膜是无滴膜的一种，既具有普通无滴膜原有的透光、保温及无滴性等优良性能，由于添加了一种防止和消除雾气发生的塑料助剂，所以能够防止日光温室、塑料大棚内雾气的发生，从而减轻作物病虫害，是普通无滴膜的升级换代产品。消雾型无滴膜比普通无滴膜光照度提高20%～25%，气温和地温提高1～2℃，相对湿度降低10%～20%，同时高湿度下空气传播侵染的叶面真菌病害（如黄瓜霜霉病、白粉病、甜瓜白粉病等）明显减轻，喷药次数和用药量减少，利于开花授粉和坐果。同种作物应用消雾型无滴膜比应用普通无滴膜产量增加16.7%～19.3%，产值增加21.2%～25.4%。塑料大棚及中小拱棚适于蔬菜春季早熟栽培、秋延迟栽培及部分耐寒性蔬菜的越冬栽培，宜选用PE消雾无滴膜或EVA消雾无滴膜，常用厚度0.05～0.07mm，消雾无滴期3～4个月。日光温室适于秋延迟茬、冬春茬、早春茬蔬菜的栽培，主要栽培作物为喜温性蔬菜。宜选用PVC消雾无滴膜或较厚的EVA消雾无滴膜，PVC消雾无滴膜厚度0.1～0.14m/m，消雾无滴期6个月以上。

无滴膜在使用中应注意温室骨架必须具备一定角度，屋面与地面的夹角不低于20°，这样才能保证水流畅通。如果角度太小，吸附在薄膜内表面上的水流不下来，当超过膜的吸附能力时，就只能滴在地上。同时骨架必须要平整、坚固，使膜覆盖平整光滑，绷紧无皱褶。特别是横向皱褶，能把流下来的水拦住，使吸附水流不到人为指定的地方，如果滴落到作物上，势必会导致叶片果实等染病；如果皱褶过多，则水珠到处乱滴，薄膜起不到无滴的作用。

（3）保温膜　温室薄膜覆盖促进作物生长的主要原因之一，是这些薄膜可以允许光合作用所必需的可见光通过，同时对2.5～40μm的红外线又具有一定的阻隔作用。一般来说，薄膜防止红外线通过且允许可见光通过的能力越强，则越有利于作物的生长。因此，薄膜的保温性就是指用这种膜覆盖的温室能减缓夜间温度下降的特性。白天由于太阳光照射，温室内地面吸收大量的热量，夜间就形成了来自地面的辐射，这样才能保持温室内较高的温度。如果覆盖的薄膜对来自地面的辐射透过率高，那么辐射就会向温室外扩散，从而使室内的地温下降，结果就不能保持温室内的温度高于外界气温。薄膜的保温性主要取决于对辐射的吸收率和反射率，薄膜对辐射线的吸收率和反射率越高，保温性就越好。

保温膜是在普通塑料薄膜中添加保温助剂，可以吸收或者阻隔长波辐射，阻挡室内通过薄膜向外界散失长波辐射热量，起到保温隔热作用，防止"逆温效应"。用作保温膜的树脂中，PVC膜和EVA膜的保温性比PE膜好，主要原因是PE膜可以透过大量的波长为7～14 μm红外线。为了提高PE膜的保温性，一般可以在树脂中添加填料，这类填料也称为"保温剂"。农膜中常用的填料主要有以下几种：灼烧白土，它有很好的红外线吸收特性，可以吸收80%波长8 μm以上红外线的能量，而且受气候条件影响最小。其他的填料有碳酸钙、滑石粉、云母粉、二氧化硅和未灼烧的白土，由于这些填料可吸收大量红外线辐射，因此加入这些填料后，膜的隔热性能和拉伸强度明显提高，但膜的冲击强度和拉伸率略有下降。提高棚膜保温性，首先要选择保温性能好的填料。当采用PE做棚膜时，加入3%～8%含硼氧键的化合物（如硼酸、硼酸盐等）就可以起到保温作用，同时无水四硼酸钠也是一种较好的填料。其次要尽量减少加入填料后的不利影响。为了解决加入填料后对棚膜的冲击强度和透光性的影响，可采用折射率与PE相等的水滑石类化合物作填料制成中间层，而内、外层则由不用填料的PE制成，既可以解决透光性问题，又可以解决强度问题。

（4）复合功能膜　随着设施园艺水平的发展，现代温室要求薄膜是集高保温、防雾滴、高耐受和高强度于一体的复合功能膜。为了减少不同类型助剂间的相互干扰和反协同效应，近年来国内多层共挤的复合工艺设备从无到有，在改进中发展。复合功能膜通过配方设计，将有效助剂置于最为关键有效的层次中，其中薄膜的外表层为抗紫外线助剂，中间层采用保温性能好的助剂，内层则为表面活性剂，从而获得了综合的优异性能。

先进的三层共挤复合吹膜工艺技术已在较多企业生产中得到成功应用。有的企业采用内冷装置提高了宽幅吹塑膜泡的稳定性及棚膜的透明性，并改善了棚膜的流滴性；有的企业已采用国产三层复合宽幅吹膜机组，能够生产宽度12～20m的功能性棚膜；一些企业改进了吹塑膜泡插叠机构和牵引卷取技术，有效地解决了棚膜折叠部位的蠕变问题，提高了棚膜平整性；有的企业改进了母料制造工艺、树脂与母料混合工艺及挤出工艺技术，使功能助剂在棚膜中分散得更均匀、更稳定，从而提高了功能性棚膜的质量。如添加了流滴消雾体系和无机保温剂的EVA多功能三层复合棚膜（厚度为0.10mm），在辽宁省沈阳市郊区、辽中区和鞍山地区等地覆盖越冬效果较好。

三层共挤PE/EVA/EVA复合功能膜目前在温室生产中应用较多。EVA树脂是乙烯、醋酸乙烯的共聚物，由于醋酸根的存在，EVA树脂具有很多独特的性能，其红外阻隔率约为50%，保温性介于PVC和PE之间；且因其呈弱极性，与防雾滴剂和保温剂的相容性好，防雾滴持效期长；另外，EVA树脂的耐寒性、耐冲击性、耐应力开裂性等比PE树脂有所改善。三层共挤PE/EVA/EVA复合功能膜由于各种功能助剂的合理配置及EVA树脂的合理性搭配，不仅降低了成本，而且最大限度地发挥了外层PE树脂的耐候性和内层EVA树脂的保温性和防滴性。

随着薄膜生产工艺和生产设备的升级，复合功能膜的种类也越来越多样。以高VA含量的EVA树脂为基础原料，添加高性能的流滴剂、消雾剂、保温剂、光稳定剂等，经五层共挤复合吹塑制成的复合功能膜，产品均匀度好，宽度偏差小。该种复合功能膜，物料塑化更充分，功能助剂分布更合理，功能助剂的功效发挥更充分，产品透明度高，耐老化，流滴持效期长，消雾功能好，保温性能优异。与三层共挤复合功能膜相比，相同厚度的五层共挤复合功能膜内部缺陷更少，拉伸强度高，抗穿刺，耐冲击，低温柔韧性好，同时薄膜的透光率高，白天增温速度快，夜间保温效果好。

（5）**有色膜** 是在薄膜加工过程中，加入一定量的色剂后制成的带有一定颜色的薄膜。光是作物进行光合作用制造有机物质的动力，不同颜色的光线对光合作用的影响也不同。太阳光线中对光合作用起主导作用的是波长为400～700nm的可见光，称为光合有效辐射，其中以波长400～510nm的蓝紫光和波长610～720nm的红橙光对光合作用的影响最大，绿光最小。加入不同颜料制成的有色膜，可吸收不同波长的可见光，使透射光质发生变化，达到增产改质的目的。目前，生产上使用的有色膜主要有黄色膜、蓝色膜、紫色膜和红色膜等几种，以深蓝色膜和紫色膜应用比较广泛。

有色膜对作物具有一定的选择性，选用不当时会对作物的生长及结果等产生不良的影响，因此应根据不同有色膜的适用特点选择薄膜。红色膜能透射红光，同时又能阻挡不利于作物生长发育的有色光透过，利用它能最大限度地满足作物对红光的需求，促进作物的生长。实践表明，在红色膜下培育的水稻秧苗生长旺盛，甜菜含糖量增加，胡萝卜直根长得更大，韭菜叶宽肉厚，收获期提前3～5d，产量增加10%～15%。用蓝色农膜覆盖水稻秧苗，可使秧苗体内叶绿素、氮素、磷素的含量增加，有效地防止秧苗发生黄化现象，对寒冷地区水稻生产可起到稳产高产的作用。蓝色农膜覆盖小麦，可使籽粒的蛋白质含量明显提高，品质大有改善。蓝色地膜覆盖在叶菜类及根菜类土面效果也很好，可使胡萝卜产量明显增加，韭菜的收获期提早，产量和质量均有所提高。银灰色膜由于对光有较强的反射作用，在许多作物上都有应用，主要用于炎热夏季蔬菜、瓜类、棉花和烤烟的栽培，具有良好的防病虫、改善栽培环境及改良品质的作用。用黄色膜覆盖黄瓜，可促进多现蕾开花，增加产量1～1.5倍；覆盖芹菜和莴苣，植株生长高大，抽薹推迟；覆盖短秆扁豆，植株节间增长，豆荚生长肉厚而坚实。紫色农膜主要适用于冬春季温室或塑料大棚的茄果类和绿叶类蔬菜的栽培，其作用可优化品质、提高产量。绿膜多用于草莓、菜豆、茄子、甜椒、番茄、瓜类等蔬菜和其他经济作物，可较好地防除杂草和虫害的发生。黑白双色膜在覆盖农作物和蔬菜时，白色在上，黑色在下。主要适用于夏秋季节蔬菜、瓜类的抗热栽培，具有良好的降低地温作用，保水与除草效果也很好。用黑白双色膜进行地面覆盖栽培萝卜、白菜、莴苣等喜凉蔬菜，可促其生长良好、产量增加。

有色膜试验结果往往年份间的重复性差，对有些作物还会减产，原因是有色薄膜通常会使透光率稍微降低，当透入温室内的光照度低于光饱和点时，光照的减少不利于强光作物生长，可能会造成减产。只有当透入的光量接近或者大于作物光饱和点时，改变光质的作用才能发挥。因此，在光照充足的地区或者光照较强的季节，可使用有色膜来调节室内光质。

（6）转光膜　是在生产普通棚膜的原材料中添加转光功能性母料后制成的棚膜。当阳光透过转光膜时，太阳辐射中的紫外线和绿光被膜中的转光母料吸收转换，释放出对作物生长有利的蓝光和红光，使棚内的蓝色和红色光谱成分增加，提高了光能利用率。转光膜的概念于1983年由苏联的专家最早提出，并于1988年在日本东京"国际园艺设施高技术研讨会"上被评为"最有前途的功能性农膜"。我国于1985年从日本引进了蓝光转光膜，应用于水稻后取得了良好的效果，但因成本过高未进行大范围的应用推广。进入20世纪90年代后，一批新型转光膜产品陆续问世，其中包括1991年黑龙江省伊春市塑料厂研制出可将紫外光转成红蓝光的转光膜。1994年，中国科学院化学研究所和北京农业大学利用从俄罗斯引进的技术研发出"瑞得来"转光剂，实现了转光膜的批量生产和大面积应用。1999年，刘南安等利用蓝光母料研制出将紫外光转换成蓝光和红光的转光膜，此产品的稳定性达到国内领先水平。随着对转光膜的研究愈发深入，有不少试验发现在农膜中添加稀土发光材料可有效增加蓝光或红光的照射量以实现促进作物生长发育的目的。另外，新型纳米复合转光膜由于拉伸强度高、透光性能好，具有一定的潜在应用价值。

　　根据转光过程中吸收与发射光子的能量大小，可将转光膜分为两大类：①将太阳光中的紫外光、绿光转换成红橙光和（或）蓝光；②将太阳光中的红外光转换为可见光。其中，以紫外光转红橙光、紫外光转蓝紫光或黄绿光转红橙光为主。其原理：转光剂在其转光过程中发生斯托克斯位移，吸收光子的能量将大于辐射光子，发射光谱与吸收光谱相比将向能量较低的方向偏移。虽然不同的转光剂所能吸收和辐射的波长范围、辐射强度不同，但其作用原理基本一致。即体系中含有的不稳定离子或 π 电子，在吸收紫外光或绿光的能量后跃迁到不稳定的激发态，而此能量可传递给中心离子使其电子从不稳定的激发态跃迁回到稳定的基态，转换过程中的能量差将会以光或热的形式释放出来。制备转光膜的关键在于转光剂的选择。转光剂有不同的分类方法，按转光性质可划分为绿转红、紫外转红和紫外转蓝；按发光性质可划分为红光剂、蓝光剂和双光剂（红蓝光剂、双能转光剂）；按材料性质可划分为稀土无机化合物、稀土有机配合物和有机荧光染料。转光剂的制备方法主要有高温固相合成法、溶胶-凝胶法、水热合成法、溶剂热法、喷雾热解法和微波辐射法等。

　　转光膜的使用能使作物充分利用光能，改善设施内的环境条件，对提高园艺作物的产量和品质有着非常重要的作用。农用转光膜能将太阳光谱中对植株光合作用无效的290～350nm紫黄光、510～580nm黄绿光转换为对植株光合作用有效的400～480nm蓝紫光和600～680nm红橙光，转光效率为3%～20%，蓝紫光和红橙光均可相对增加5%～15%。因此在低温、弱光及阴雨天气下，转光膜均能提高植株光能利用率。随着转光剂含量的增加，转光膜的转光效率提高，但薄膜的透光率下降，湿度增加。因此，转光膜覆盖设施的光照度一般低于普通膜。添加了转光剂农膜的透光率大约会降低5%，不同转光膜的透光率差异可能与转光剂的添加有关。由于转光膜在转光过程中发生斯托克斯位移，在高能光激发以及低能光发射的能量转换过程中将相应的能量差以热量的形式释放，因此有利于提高园艺设施内的气温和地温。通过对比两种EVA转光膜的温光反应发现，在气温较低时，两种EVA转光膜的棚内气温及5cm地温较对照EVA膜分别提高了0.5～0.9 ℃和0.7～1.3 ℃；而在气温较高时，两者分别下降了0.2～1.0 ℃和0.2～0.6 ℃。转光膜的这种调温作用可能与转光剂本身的性质有关，一般稀土发光材料在低温条件下发光效率高，而达到某一温度则发生淬灭现象。

　　转光膜能通过改变透过设施的光质来提高植株光能利用率，在促进作物生长发育、提高作物产量与产品器官品质、减少病害发生等方面均具有良好效果。转光膜作为棚膜和地膜覆盖均能促进作物生长发育。双层转光膜增强了烟苗的抗逆性，其茎粗、根长和最大叶面积显著高于对照，有利于烟苗早生快发，增大光合面积。蓝绿转红光的转光膜提高了萝卜叶片的光合作用，提高了葱芽的干鲜质量，并促进了蓝星花种子的萌芽；而紫外转蓝绿光的转光膜则促进了萝卜叶和葱叶的伸长。转光膜下生长的胡萝卜与毛豆的株高、叶数、茎粗和产品器官鲜质量等生长指标均高于普通膜。转光膜覆盖下番茄、茄子、青椒、黄瓜等果菜的产量分别比对照膜提高了18.2%、20.8%、15.1%和21.6%。转光膜的应用还可提升作物品质，如转光膜覆盖可提高甜椒果实的维生素C、可溶性糖、游离氨基酸含量，降低硝酸盐含量。在两种不同的转光膜覆盖处理下，菠菜的硝酸盐、单宁含量分别比对照降低10.82%、27.22%和15.47%、17.74%，有效改善了菠菜的口感。蓝转光膜可增加小白菜维生素C和可溶性糖含量。

转光膜除了能促进作物生长发育、提高作物产量与品质外，还对预防作物病害有一定作用。转光膜能将促进某些真菌孢子萌发的紫外光转换成对植物生长发育有利的红橙光或蓝光，创造植物适宜生长发育的环境条件，提高作物的抗逆性，从而减少作物病害的发生。聚乙烯转光膜对番茄叶枯病、疫病以及茄子黄萎病具有不同程度的减轻作用。紫外转红橙光的聚乙烯转光膜对黄瓜的病株率和病叶率分别比对照膜减少31.25%和53.79%，明显减轻了黄瓜霜霉病的危害。

转光膜是"光学农业"研究的重要方向之一。转光膜的构建需要有良好耐候性、优异转光特性的农膜转光剂，其中量子点类发光材料由于其优良的光学性能、水溶性及低生物毒性，成为该研究方向的热门材料之一。但目前我国研发的转光膜存在制造成本高、转光寿命短、吸收光谱和发射光谱范围窄、大多以单一转光为主等缺点。研究发现，实地扣棚9个月的转光膜其荧光发射强度仅能达到起初的30%左右。目前，国产转光膜扣棚1年后其荧光发射强度一般只能达到起始荧光发射强度的10%～30%，严重阻碍了转光膜的推广与应用。因此，在生产中如何降低转光剂的荧光衰减速度及拓宽其吸收与发射光谱的范围，是有效解决转光膜应用问题的关键。

近年来，随着材料科学的发展，很多新型转光材料被合成与发现，转光膜的种类也逐渐增多，如光生态膜、转光驱虫膜、消雾型转光膜以及专用转光膜等。2021年中国农业科学院都市农业研究所与国内科研单位合作开发了一种基于量子点技术转红光的功能性薄膜，可实现温室内光质的优化，从而提高作物产量和品质，减少病虫害。研究团队以邻苯亚胺和盐酸多巴胺为原料，采用一步水热合成法成功制备了红光碳量子点（red carbon quantum dots，RCDs），能够吸收紫外光和黄绿光，发射550～800nm的红光，量子效率高达78.3%。傅立叶变换红外光谱、X射线光电子能谱和荧光光谱等表征技术，揭示了红光碳量子点的荧光主要来源于碳量子的表面态发光，证明了红光碳量子点的荧光猝灭是由于其表面被氧化所致。研究提出了对应的抗氧化策略，获得了抗拉伸性能良好且具有抗氧化能力的抗氧化RCDs/PVA转光膜，实现了黄绿光向红光的转光。与空白薄膜相比，该RCDs/PVA薄膜能促进绿豆芽生长。实验测试结果表明，经该转光薄膜处理的绿豆芽植株鲜重增加10.4%、干重增加13.9%、叶绿素a的含量增加7.1%，红光碳量子点作为转光剂形成的抗氧化农用膜在温室蔬菜栽培中具有明显增产潜力。

4.3　硬质塑料覆盖材料

硬质塑料覆盖材料主要包括PC板、FRP板、PVC板、FRA板、GRP板、PMMA板等。硬质塑料覆盖材料都需要添加防止紫外线添加剂，以便有效抵御太阳中紫外线照射，提高覆盖材料使用寿命。

4.3.1　PC板

PC板是以聚碳酸酯聚合物为原料，添加各种助剂，经共挤压技术制造而成，按产品结构分为实心和空心两种，按紫外线共挤层分为单面抗UV（ultraviolet，UV）和双面抗UV两种。目前PC板主要包括平板、波浪板（图4-7）和多层中空板（图4-8）三种类型。平板厚度为0.7～1.2mm；波浪板覆盖的温室室内光照均匀，平均透光率略有提高；双层及三层中空板厚度为3～16mm，具有良好的保温效果，较玻璃温室节能30%～60%。

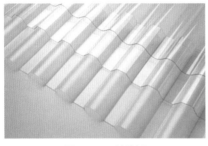

图4-7　PC波浪板　　　　　　　　　图4-8　PC中空板

PC板自20世纪90年代进入我国市场，具有采光好、保暖、轻便、强度高、防结露、抗冲击、阻燃、经济耐用等优点。具体性能如下：

（1）**质轻**　聚碳酸酯密度约为 1.2g/ cm^3，PC 板重量是相同厚度玻璃的 1/2，PC 中空板重量是相同厚度玻璃的 1/15～1/12。PC 板的轻量化使得施工更安全、更便利，大大节省了搬运、施工时间和成本。

（2）**透光性**　PC 板透光率最高可达 89%，可与玻璃相媲美。抗紫外线涂层板在太阳光下暴晒不会产生黄变、雾化。10 年后透光率仅降低 6%，相比 PVC 板降低 15%～20%、玻璃纤维板降低 12%～20%。3、6mm 厚的 PC 板透光率分别为 88% 和 82%。

（3）**抗冲击性**　PC 板抗冲击强度是普通玻璃的 250～300 倍，是同等厚度 PMMA 板的 30 倍，是钢化玻璃的 2～20 倍，有"不碎玻璃"和"响钢"的美称。

（4）**耐候性**　未经特殊处理的 PC 板虽然坚固，但受到阳光中紫外线照射后会出现表面老化，造成透光率下降、雾化及黄变等不良现象。因此，实际生产中会在 PC 板一面镀上 UV 涂层，另一面经抗冷凝、防滴露处理，耐候性可达 10 年以上。PC 板几乎可完全阻止紫外线的通过，因此不适合用于需要昆虫活动来促进授粉、受精和一些含较多花青素的作物生产。

（5）**热性能**　PC 板通常能在 −40～120℃ 范围内保持各项性能指标的稳定性。其热变形温度为 132℃，受载荷的影响不大，是良好的耐热材料，低温脆化温度为 −110℃，适宜作耐低温材料。

（6）**隔热性**　PC 板具有优良的隔热性能，在相同厚度条件下，隔热性能比玻璃高 7%～25%，能有效阻隔热能传输。无论冬天保暖还是夏季阻止热气侵入，PC 板都可有效降低能耗，节省能源。

（7）**隔声性**　PC 板与玻璃相比，具有较高的隔声性。在相同条件下，PC 板的隔声比玻璃降低 3～4dB。

（8）**阻燃性**　PC 板具有良好的阻燃性，燃烧时不产生有毒气体，其烟雾浓度低于木材、纸张的产生量，被确定为一级难燃材料。

（9）**加工性**　PC 板加工成型性良好，既可在室温下进行冷弯成型，也可在加热状态下进行弯曲成型、真空成型、冲压成型，甚至还可进行多次成型，以配合建筑设计的要求。

（10）防结露　当室外温度为0℃，室内温度为23℃，室内相对湿度低于80%时，材料的内表面不结露。

PC板性能参数见表4-14。

表4-14　PC板性能参数

指标名称	指标值
冲击强度/J/m	850
透光率/%	88（3mm厚）
比重/g/cm³	1.2
线膨胀系数/mm/（m·℃）	0.065
可耐温度/℃	−40～120
传热系数/W/（m²·K）	2.3～3.9
抗拉强度/MPa	>60
抗弯曲强度/MPa	100
弹性模量/MPa	2 400
断裂拉伸应力/MPa	>65
断裂拉伸率/%	100
比热/kJ/（kg·K）	1.17
热变形温度/℃	140
隔音效果/dB	−20（6mm板厚）

温室选用PC板的质量将直接影响温室的整体性能。质量好的PC板，必须要使用好的聚碳酸酯原材料，不添加回收料，有抗紫外线共挤层增强抗老化性，并按标准克重生产。

抗老化性和透光率、黄化率是判断PC板质量的关键因素。①PC板的抗老化性：主要受紫外线照射和材料本身稳定性的影响。要保证PC板的抗老化性，一方面要保证原材料的稳定性，另一方面要做好板材表面的抗UV保护层。②PC板的透光率：主要取决于原材料的纯净度，添加剂的透光率要在98%以上，板材挤出后的平整度和表面光洁度要高。③PC板的黄化率：主要是受防紫外线层添加工艺的影响，不同的添加工艺也会影响板材的寿命。采用涂层工艺，其耐候性差，板材的寿命只有2～3年；采用混合共挤工艺，防护率相对较差，板材的使用寿命为5～6年；采用辅助共挤工艺，板材的使用寿命可以延长到10年以上。对不同工艺PC中空板进行抗老化检测，结果见图4-9。从图中可看出，没有抗UV共挤层的产品会很快老化，一般不会超过3年时间；有抗UV共挤层的材料寿命有了很大提升，可以延长到10年，黄化指数$\triangle Y_i$不超过10。

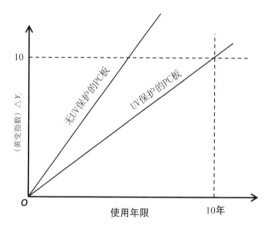

图4-9　PC中空板黄化指数随时间的变化

　　PC板按标准单位面积质量进行生产非常重要，PC中空板标准的单位面积质量和壁厚参数见表4-15。目前部分制造企业为了降低成本，生产出一些单位面积质量较低的板材，这种板材上下壁及立筋厚度较薄，在温室建造中使用这种降低单位面积质量的PC板会引起诸多危害。降低单位面积质量后，由于PC板厚度没有降低，直接后果是上下壁及立筋厚度的降低，使板材的抗冲击能力下降。例如常规8mm厚双层中空PC板的标准上壁厚度应为400μm，在正常情况下可抗冲击的标准是10kg铁球自由下落2m不被击破。标准8mm厚双层和10mm厚双层板材可以抗击一般冰雹的冲击，但一般降低单位面积质量的8mm厚PC板的壁厚为300μm左右，结果必然是易被冰雹击穿。如果降低单位面积质量的PC板上下壁厚达到标准，则其立筋的厚度必定会降低。而立筋主要起到支撑的作用，如果立筋厚度达不到标准，那么PC板抗雪载的能力就会降低。由于PC板保温性能优异，覆盖在其上的雪不易融化，在大雪荷载情况下，降低单位面积质量的PC板将不堪重负而发生断裂。降低单位面积质量的非标准PC板将无法保证温室的保温性，同时也无法保证自身使用寿命，从而使得设计供暖系统的热工计算依据不准确，导致供暖设备盲目投入，整个温室的保温能力达不到既定要求。

表4-15　PC中空板标准的单位面积质量和壁厚参数

板厚/mm		层数	外层壁厚/mm	中层壁厚/mm	立筋厚/mm	单位面积质量	
基本尺寸	偏差					标准质量/kg/m²	偏差/%
4		2	≥0.35			1.0	
6		2	≥0.4			1.3	
8	±0.5	2		—	≥0.35	1.5	≥−5%
10		2	≥0.45			1.7	
10		3		≥0.15		2.0	

4.3.2　FRP板

FRP板是采用无碱玻璃纤维、强化聚酯树脂、高性能防老化薄膜及必要添加剂，经机械化连续成型的一种透光覆盖材料，具有质量轻、强度高、耐腐蚀、耐老化、抗冲击性能良好的特点，可承受雨水冰雹的冲击而不影响板的正常使用。

FRP板与玻璃、PC板相比，具有诸多优点：①轻质高强。板材相对密度为1.5～2.0，质量较轻，但强度却很高，甚至可与高级合金钢相比。②可设计性好。可根据实际需求灵活设计出各种产品，以满足不同需要，还可自由选择材料或调整成分比例来改善产品的相关性能，或选择不同的成型工艺来提高经济效益。对于形状复杂、不易成型的产品，FRP板更能显示出其优越性。③安全性。传统的玻璃质地坚硬、易碎裂，常常会有玻璃自爆现象发生；而FRP板有良好的冲击韧性，不容易碎裂。④抗撕裂性和拉伸强度好。FRP板采用上下膜与玻璃纤维、树脂加强的结构形式，具有较强的抗撕裂性及拉伸强度；而PC板为纯树脂结构形式，易被金属毛刺扎裂而发生渗漏，螺钉孔周边也易被撕裂。⑤耐久性好。一般FRP板表面会粘贴高性能抗紫外线薄膜，能隔绝99%以上的紫外线，耐其他腐蚀物，使用寿命可达15～20年；PC板则采用在树脂中加入抗紫外线添加剂的方式来抵抗紫外线，使原材料的纯度降低而影响板材性能，使用寿命仅为5～10年。⑥保温性较弱。FRP板的导热系数为0.4W/(m·K)，而PC板的导热系数为0.2W/(m·K)，保温性能明显优于FRP；同时PC板通常采用中空结构，一定程度加强了保温效果，这也是FRP板易结露的主要原因。⑦透光率较低。FRP板透光率一般最高只能达到75%，而玻璃和PC板可达到95%以上；但是透过FRP板的光线更加柔和，而玻璃和PC板会产生光斑。

FRP板厚度有0.8、1.0、1.2、1.5、1.8、2.0、2.5、3.0mm，使用的温度范围通常为－40～120℃。FRP板易出现结露问题，为减少结露的发生，在温差较大区域和北方严寒地区，需采用保温型板，以降低冷凝水对室内设备、生产产品及屋面整体保温性能的不利影响。

4.3.3 PVC板

PVC板是以聚氯乙烯为原料制成的截面为蜂巢状网眼结构的板材。根据PVC的制作工艺可分为PVC结皮发泡板与PVC自由发泡板，根据透明度可分为PVC透明板与PVC板。温室建设使用PVC透明板，透光率为75%～85%，厚度通常为2～20mm，表面附有双面透明膜。PVC透明板具有高强度、高透明、耐候性好、无毒、卫生等特点，尤其具有良好的阻燃性，广泛应用于建筑物屋面。

4.3.4 FRA板

FRA板是以聚丙烯酸树脂为主体，加入玻璃纤维增强而成，厚度0.7～0.8mm。聚丙烯是工业中经常使用的一种塑料原材料，具有密度低、性能优良、应用范围广等优点；但是聚丙烯树脂自身也存在着诸如强度、模量、硬度等机械性能不好的方面，以及成型收缩大、易老化等加工使用问题。因此需要对其进行改性处理，改善材料性能解决加工难题，以满足不同使用场合下的使用要求。聚丙烯一般可以通过增韧、耐候、增强改性、阻燃改性等手段来改善其性能或使用缺陷。其中，玻璃纤维增强改性是一种经常使用的手段。添加玻璃纤维改性后的聚丙烯材料，在家电、汽车、建筑等领域得到了广泛的应用。

通常将玻璃纤维保留长度大于3mm的称为长玻璃纤维增强聚丙烯，玻璃纤维保留长度小于3mm的称为短玻璃纤维增强聚丙烯。与短玻璃纤维增强聚丙烯相比，长玻璃纤维增强聚丙烯拥有更为优异的力学性能和尺寸稳定性。长玻璃纤维类似于钢筋混凝土中的钢筋骨架，在受到外力作用时可以吸收外部的应力与应变。长玻璃纤维增强聚丙烯具有优异的力学性能和极轻的质量等一系列优点，但其强度与长玻璃纤维的含量密切相关，当长玻璃纤维的含量达到30%左右时，会出现较大的翘曲现象。这主要是由于玻璃纤维在注塑过程中流动方向的定向性使得玻璃纤维周围的聚乙烯被诱导结晶，导致产品的纵向收缩小于横向收缩，从而产生较大翘曲，影响材料的外观与使用。

FRA板密度较低，为$1.1 \sim 1.2g/cm^3$。在聚丙烯原有性能的基础上，长玻璃纤维增强聚丙烯的耐热性、低温冲击强度、力学性能均有所提高，具有强度高、刚性好、耐腐蚀性好、使用寿命长、精度高、尺寸稳定性好、耐蠕变性能好、耐疲劳性能优良、设计自由度高、成型加工性能良好，以及可回收重复使用等优点，使用寿命可达15年，具体性能参数见表4-16。

表4-16　聚乙烯与玻璃纤维增强聚丙烯性能比较

性能参数	聚乙烯	长玻璃纤维增强聚丙烯	短玻璃纤维增强聚丙烯
密度/g/cm^3	$0.900 \sim 0.905$	1.122	1.222
拉伸强度/MPa	$30.0 \sim 41.0$	92.5	118.3
弯曲强度/MPa	$42.0 \sim 56.0$	127.5	147.4
热变形温度/℃	$110 \sim 140$	$145 \sim 150$	$155 \sim 160$

　　FRA板的透紫外光能力比不饱和聚酯透明玻璃钢更大，波长为300～400nm的紫外光透过率为50%，几乎能透过太阳光中最短紫外光波，而在不饱和聚酯透光玻璃钢中只能透过8%左右。FRA板透紫外光能力比玻璃稍好，远红外光下透光能力比不饱和聚酯透明玻璃钢要好些，但比玻璃差，具体见图4-10和图4-11。

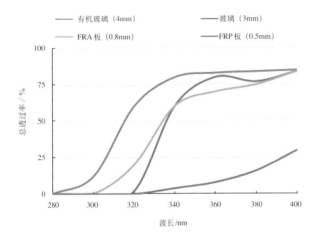

图4-10　不同板材的透紫外光光谱曲线

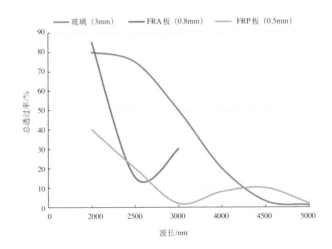

图4-11　不同板材的透远红外光光谱曲线

FRA板具有极出色的透过近红外光（波长750～2 000nm）的能力，用于温室覆盖易于提高室内温度；对远红外光（波长2 000nm以上）的透光性比玻璃差，而温室对外的热辐射主要以远红外光的形式出现，故用其作为温室覆盖不易损失热量，尤其是在冬天或夜晚，比玻璃温室的温度可能要高些，更具有隔热保温作用。

4.3.5　GRP板

GRP板是一种以玻璃纤维作为增强材料，热固性塑料包括环氧树脂、酚醛树脂、不饱和聚酯等作为基体材料的复合板材，俗称玻璃钢。

GRP板具有高弹性、高耐冲击强度，在大振幅下具有非常好的静力值，具有较小的线性热膨胀系数，纵向弯曲强度为131MPa，横向弯曲强度为124MPa。随着玻璃纤维含量的增加，GRP板强度与弹性模量都逐渐增加，纤维含量每提高5%，强度提高8%～12%，弹性模量提高10%～5%。纤维含量的提高对强度提高的影响大于对弹性模量的影响，纤维含量达到60%以上，增加纤维对强度与模量的提高不再显著。在交变载荷作用下，金属材料的破坏是由里向外发展的，事前没有任何预兆；而GRP板不同，在由于疲劳破坏而产生裂纹时，因纤维与界面能阻止裂纹的扩展，并且由于疲劳破坏总是从纤维的薄弱环节开始，逐渐扩展到结合面上，所以破坏前有明显的预兆。GRP板的疲劳极限为抗拉强度60%～70%，较金属材料高20%。

GRP板无毒害、无污染，有非常好的耐化学腐蚀性、耐氧化、酸性、碱性、盐性、油、油脂等。燃烧危害小，在发生特大火灾时，燃烧产物只有水、二氧化碳、一氧化碳和灰尘，不含氮化物、硫化物、卤素、重金属等有毒气体。耐高温性能好，在200 ℃时可以长期使用，甚至在1 000 ℃高温下也可以短期使用。GRP板表面光洁，透光率高，50mm厚的无色GRP板，可见光透射比最高可达到85%。

4.3.6　PMMA板

PMMA板由甲基烯酸甲酯单体聚合而成，是一种经过特殊工艺加工的有机玻璃，有"塑料皇后"之美誉，俗称亚克力板，从研发到现在已有100多年的时间。

PMMA是一种广泛应用的无色透明塑料，具有优异的透光性、耐高低温差性、化学稳定性、易加工成型性、耐磨性、耐候性等优点，具体性能表现如下：

（1）材质轻，密度仅为$1.19 \sim 1.20 \text{g/cm}^3$，约为普通玻璃的1/2；透光率可达92%以上，抗紫外线性能优越，至少5年不会褪色变黄，不会失去光泽，耐候性佳。

（2）具有较强的耐腐蚀和耐化学药品性，普通的酸类、碱类、简单的醚类、脂肪、油类、芳族水合物等对板材的侵蚀影响不大。将PMMA板浸在不同浓度溶液中，在室温和60 ℃两种温度下经338h后，其耐蚀能力见表4-17。同时具有良好的耐高温性能，在100 ℃以下的环境中仍能保持良好的质量稳定性，轻易不会变形。

表4-17　PMMA板在有机溶剂的耐蚀能力

溶剂种类	室温下耐蚀最高浓度/%	60℃下耐蚀最高浓度/%
硝酸	10	＜10
盐酸	31	31
磷酸	50	25
硫酸	25	20
醋酸	50	10
甲酸	25	25
铬酸	＜40	＜40
草酸、柠檬酸、酒石酸	饱和溶液	饱和溶液
氢氧化钾、氢氧化钠、碳酸钠	30	30
氢氧化铵	30	10

（3）PMMA作为一种典型的线型高聚物，在常温下抗冲击性强，其抗冲击性是普通玻璃的16倍。PMMA板抗拉强度可达50～

77MPa，弯曲强度为90～130MPa，断裂伸长率为2%～3%。且机械性能受温度的影响也比较小，一般来说只要外界温度在其软化点之下，PMMA板的各种特性不会发生任何显著的变化，而且温度越低，强度越大；缺点是表面硬度差，不耐磨，使用时间长后表面发毛而影响透光率。

（4）PMMA热导率和比热容在塑料中都属于中等水平，分别为0.19W/（m·K）和1 464J/（kg·K）；极易燃烧，极限氧指数仅17.3。

4.4　其他

4.4.1　蜂窝塑膜

蜂窝塑膜是在塑料薄膜上增加一层垂直于薄膜表面的封闭柱体结构，其横截面可以是圆形或多边形（图4-12）。蜂窝上底面开口的非封闭柱体结构称为开式蜂窝，上底面不开口的封闭柱体结构称为闭式蜂窝，

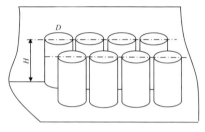

图4-12 蜂窝塑膜覆盖材料示意图
D.蜂窝直径；H.蜂窝高度

而蜂窝结构夹在两层塑料薄膜平面之间的结构称为夹层蜂窝。按蜂窝柱体的类型分，又有圆柱形蜂窝、三角形蜂窝、矩形蜂窝、六角形蜂窝、菱形蜂窝等。

蜂窝塑膜采用挤出法和流延法制成，具有造价低、易于卷放、自防水、节能保温等优点，可广泛应用于设施种养殖。蜂窝塑膜覆盖温室的透光率比普通单层覆盖温室降低10%左右，仅为70%左右，但节能保温能力提高20%以上，充分说明了蜂窝塑膜可以较好地解决温室保温性和透光率之间的矛盾。蜂窝塑膜覆盖层对作物的生长没有任何不利影响。在生产试验过程中，由于大风不断掀动覆盖层和阳光照射等因素，棚膜都有不同程度老化和破损，但蜂窝塑膜的密闭程度优于单层薄膜，其原因有两个方面：①扣棚压膜后，蜂窝塑膜的张紧力大，因此受大风掀动的影响小，减少了蜂窝塑膜的机械破损；②蜂窝塑膜一侧破损后，还有一层起保护作用；③外层受阳光照射，有一定程度的老化，而内侧老化较慢。因此，蜂窝塑膜

的使用寿命长。

图4-13和图4-14分别为蜂窝相对高度对透光率和传热性能的影响，从图中可看出，当相对高度为0.83时，蜂窝塑膜的透光率比同种材料的单层薄膜降低10%左右，而保温能力提高40%。根据理论优化计算，蜂窝相对高度为0.2～1.25，蜂窝绝对尺寸高度4～20 mm，直径4～14 mm，蜂窝壁间距2 mm的错排，最为有利。蜂窝塑膜覆盖温室的覆盖材料的成本比单层覆盖增加30.8%，比双层覆盖降低27.8%；另一方面蜂窝塑膜覆盖温室的透光和保温性能优于双层覆盖温室。

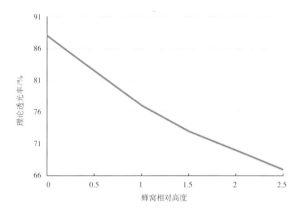

图4-13　蜂窝覆盖层理论透光率

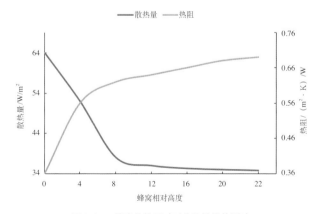

图4-14　蜂窝结构尺寸对传热性能的影响

4.4.2 可降解循环再生聚酯膜（DRP膜）

DRP膜是以聚酯有光切片和含有机助剂的母料为主要原料，经过结晶干燥、熔融挤出铸片、纵横向拉伸等工艺，研发出的具有高保温、高透光、高强度、耐老化的一种可降解并循环再生的聚酯农用膜。

DRP薄膜生产工艺采用五釜工艺生产母料聚酯，聚酯中添加特有的有机合成添加剂，以改善薄膜的透光、保温、抗老化及延展性等性能。然后，对其进行预结晶和干燥，干燥工艺采用热风法，降低聚酯切片中所含有的水分。采用急冷辊、骤冷的方式对其进行熔融挤出铸片，以抑制结晶的生长，提高聚酯薄膜的成膜性。最后对厚片采用特有的双向拉伸薄膜生产工艺，先进行纵向拉伸再进行横向拉伸，最终制造出DRP薄膜。具体生产工艺见图4-15。

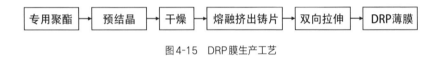

图4-15　DRP膜生产工艺

DRP膜具有良好的透光性、保温性、抗拉性能、抗撕裂性能、热稳定性以及耐老化性，具体如下：

（1）DRP膜透光率较高，具有很强的紫外线阻隔和夜间保温能力　4种不同类型塑料薄膜在各波段的透过率见表4-18。在PAR波段（400～700nm）透过率为90.73%，有助于作物更高效地进行光合作用；在5～25μm波段中，DRP薄膜的透过率为14.56%，低于其他3种薄膜，具有良好的红外阻隔能力，可以在夜间起到有效保温作用；DRP薄膜的UV波段（300～380nm）透过率最低，紫外阻隔能力强。

表4-18　DRP、PET、PO和PE薄膜各波段透过率

薄膜种类	波段透过率/%				
	300～320nm	320～380nm	380～780nm	780～2 500nm	5 000～25 000nm
DRP膜	0.74	2.51	88.40	88.95	14.56

（续）

薄膜种类	波段透过率/%				
	300 ~ 320nm	320 ~ 380nm	380 ~ 780nm	780 ~ 2 500nm	5 000 ~ 25 000nm
PET膜	1.01	78.19	89.59	87.88	18.69
PO膜	61.32	77.04	92.55	91.41	46.59
PE膜	87.50	89.56	91.65	89.12	74.99

（2）DRP膜抗拉强度和抗撕裂强度大 DRP膜纵向拉伸强度为103.21MPa，纵向直角撕裂强度401.5kN/m，在拉伸撕裂强度方面均优于PO膜和PE膜；DRP薄膜纵向裤形撕裂强度244.17kN/m，是PET膜的19.49倍，极大提高了裤形抗撕裂强度，可以有效防止缺口撕裂破坏。

（3）DRP膜具有良好的热稳定性 DRP、PET、PO和PE膜在升温到600℃过程中都有3次较明显的失重过程，DRP膜首次失重在（250±5）℃，PET和PO膜在（170±5）℃，PE膜在（80±5）℃。第3次失重现象是3次中最为明显的一次，DRP、PET和PO膜均在350 ~ 400℃时发生，DRP薄膜比PET和PO膜发生的温度略低。PE膜在温度为（280±5）℃时发生第3次失重现象，是4种膜中第3次失重现象发生温度最低的膜。

（4）DRP膜在透光和保温方面具有较好的耐老化性 老化前后膜在不同波段的透过率见表4-19。从表可看出，老化后的DRP膜在300 ~ 320nm和780 ~ 2 500nm波段透过率分别减少0.33%和0.17%，基本没有明显变化，说明在自然老化的DRP膜阻隔UV-B的能力比初始状态的DRP膜略微增强，且仍比PET、PO、PE 3种膜的初始状态下强。在780 ~ 2 500nm波段中，老化后的DRP膜透过率比初始的PET膜略高。在400 ~ 700nm波段中，老化后的DRP膜透过率为87.73%，衰退了3%，比较接近初始的PET薄膜在该波段的透过率。在5 ~ 25 μm波段中，老化后的DRP膜红外阻隔能力降低了4.34%，为18.90%，仍比初始的PO、PET和PE膜红外阻隔能力强，对于温室的保温效果显著。

表4-19　DRP膜老化前后透过率比较（%）

项目	波段/nm			
	300～320	400～700	780～2 500	5 000～25 000
初始DRP	0.74	90.73	88.95	14.56
老化DRP	0.41	87.73	88.78	18.90

5 主要透光覆盖材料在温室上的典型安装方法

5.1 玻璃

5.1.1 玻璃安装原则

温室中一般使用专用铝合金型材镶嵌玻璃后再将其安装在温室骨架上。玻璃安装后，必然受到风载荷、地震载荷、雨雪载荷或其他有效载荷的作用，由于玻璃为脆性材料，当承载力超过其弹性极限后就会发生脆断，其破坏完全不同于塑性变形材料聚碳酸酯板、薄膜等。为了保证整个安装结构的安全性和耐久性，玻璃安装应遵循以下原则：

（1）玻璃的板面、厚度尺寸应根据玻璃承受的有效载荷强度确定，玻璃受载荷作用最大弯曲变形挠度一般不大于1/70。

（2）玻璃周边应与框架留有合适的间隙，局部用弹性材料填充，应避免安装应力。

（3）固定玻璃的框架应有足够强度，防止因框架变形使玻璃破碎。框架变形一般采用不超过跨度的1/180。

玻璃的安装结构分为有框架安装结构和无框架安装结构两种。有框架安装结构是指玻璃周边都有框架支撑，并且要求玻璃边缘全部被框架口或凹槽包围封闭，同时框架具有足够的承载强度和刚度；不满足以上要求则被视为无框架安装结构。温室中基本都采用有框架安装结构。

5.1.2 玻璃安装技术要求

（1）**安装施工顺序** 玻璃安装分项工程应在温室钢结构安装分项工程验收合格的基础上进行。玻璃安装应按先屋面玻璃（图5-1），后山墙或侧墙玻璃（图5-2），最后隔断墙玻璃的顺序进行。屋面窗户可以与屋面玻璃同步安装，墙面门窗可在墙面玻璃安装后安装。

图5-1　玻璃温室屋面玻璃安装

图5-2　玻璃温室墙面玻璃安装

（2）铝合金型材加工与安装　铝合金型材应按设计要求加工，不应在现场焊接加工，质量要求和检验方法见表5-1。

表5-1　铝合金型材加工质量要求与检验方法

序号	项目	允许偏差	检验方法
	直角截料长度		钢直尺或钢卷尺
1	≤3m	±1.0mm	
	＞3m	±2.0mm	
2	直角截料断面对轴线垂直度	±0.5mm	钢直尺和直角尺
3	斜角截料断面切斜度	±0.5°	直角尺和钢直尺或量角器
4	孔中心位置	±1.0mm	钢直尺或钢卷尺或游标卡尺
5	孔径	±0.5mm	钢直尺或钢卷尺或游标卡尺

（续）

序号	项目	允许偏差	检验方法
6	孔距	±1.0mm	钢直尺或钢卷尺或游标卡尺
7	豁口、槽口尺寸	±1.0mm	钢直尺或钢卷尺或游标卡尺
8	豁口、槽口位置	±1.0mm	钢直尺或钢卷尺或游标卡尺

铝合金型材安装前应检查有无腐蚀、变形和损坏现象，如有，应该及时修复或更换，清除铝合金型材断面、加工孔口毛刺，不合格的铝合金型材不能安装。铝合金型材以每个屋面或每堵墙面为独立安装单元，有变形缝时以变形缝为界划分独立安装单元，可以从独立安装单元的一端开始安装铝合金型材，再按顺序依次安装立柱中心线位置的铝合金型材，相邻两立柱中心线之间的铝合金型材可与玻璃同步安装。铝合金型材支撑屋面的温室，应首先在独立安装单元的第一个开间形成稳定铝合金型材框架，再按顺序安装其他位置铝合金型材，并在最后一个空间形成稳定铝合金型材框架。铝合金型材延长连接时应断面对齐，接缝处应采取密封措施。

（3）玻璃的划分和裁割　温室屋面及周边围护玻璃的尺寸规格应充分考虑其强度的要求，长宽比通常为 $1.8 \leqslant a/b \leqslant 3$，且 $b \leqslant 1.1$m（其中 a 为玻璃的长边，b 为玻璃的短边）。由于温室屋面和四角2m的范围内存在风荷载的局部叠加，所以该区域内的玻璃分格宽度宜小于0.63m。玻璃温室侧墙和山墙的立面分格见图5-3和图5-4。

图5-3　侧墙立面分格

图5-4　山墙立面分格

中空玻璃、钢化玻璃、夹层玻璃、均质钢化玻璃、真空玻璃应该在工厂按标准制作，其他玻璃可以在现场裁割。现场裁割应该在专用台面进行，台面上不能有玻璃碎片或其他硬质颗粒物，且按先裁大、后裁小，先裁宽、后裁窄的顺序进行。裁割时不能在已划过的刀路上划第二刀，一刀未划通时应在玻璃背面对位重划。现场裁割玻璃应分类，采用玻璃架集中码放在安全的场地，不能将玻璃倚靠在温室立柱或者墙边码放。裁割下脚料应该集中堆放，及时清理。

（4）玻璃安装、固定和密封　玻璃安装前应清除表面污垢，有裂纹、破损等缺陷的玻璃不应安装，同时还需要确保铝合金型材安装牢固，检查并清除铝合金型材内的杂物和毛刺。

玻璃安装要固定牢固，朝向正确，在铝合金型材内的嵌入量及间隙应该符合设计要求。如果设计没有明确要求，一般玻璃和铝合金型材框之间总间隙应控制在3～4mm。玻璃在安装时使用吸盘竖向搬运，不要徒手搬运。同时安装屋面玻璃时，要注意禁止人员在安装点下方通过；安装墙面玻璃时，不要在竖直方向上下两层同时作业。不要将梯子等倚靠在玻璃面上操作，安装完毕后要用无腐蚀性的清洁剂对玻璃进行清洁。

铝合金作为玻璃温室主要镶嵌和覆盖支撑构件，其主要功能有3个：①与密封件配合，作为玻璃温室覆盖密封系统的一部分，如顶窗、侧窗、门等部位。②单独使用，作为玻璃温室屋面的支撑构件和密封件。③作为天沟使用。当铝合金型材做天沟使用时，其通常设计为两种功能：一种是和屋面在一起构成屋面排水系统；另一种是用于收集屋面内侧的凝结水，当其为中空结构时，还具有保温性能。

橡胶密封条作为密封件与铝合金配合使用，可达到减少震动、增加密封性的目的。铝合金型材与温室骨架一般通过螺栓、拉铆钉等紧固件固定，也有的通过专用连接件固定。密封条安装前要检查并去除铝合金型材断面毛刺；安装时要使用专用工具，密封条末端应该留有总长度1%～2%的收缩余量，在连续线上不应截断安装。如截断，断口处应采取密封措施，上悬窗转角处密封条应斜向断开，且对接严密，在墙面顶端相交时应横条压竖条，在其他位置相交时应竖条压横条。

打注密封胶前要对打胶面进行清洁、干燥，且打注的时候要保证光线充足，通风良好，温度、湿度符合要求，打注完后要清除铝合金型材、玻璃、密封材料表面的残胶，但不要用尖锐的工具。

（5）玻璃安装质量要求　玻璃安装总体质量应符合设计要求，单块安装，不应拼接，密封严密，安装牢固。玻璃安装后，表面应洁净，无密封胶、涂料等污垢，符合表5-2的要求。

表5-2　玻璃表面质量要求和检验方法

序号	项目	质量要求	检验方法
1	明显划伤和长度＞100mm的轻微划伤	不允许	观察、钢直尺
2	长度≤100mm的轻微划伤	≤8条/m²	钢直尺
3	单位面积擦伤量	≤500mm²/m²	钢直尺

中空玻璃或真空玻璃两层玻璃间不能有水蒸气或灰尘。铝合金型材表面应洁净平整，在一个玻璃分格内铝合金型材表面质量要求和检验方法见表5-3。密封条应镶嵌到位、填充平整、表面顺直、无翘曲，不应有卷边、脱槽、不平和起鼓现象。

表5-3　一个玻璃分格内铝合金型材表面质量要求和检验方法

序号	项目	质量要求	检验方法
1	表面擦伤、划伤深度	不大于表面处理层厚度	观察
2	划伤总面积	≤500mm²	钢直尺
3	划伤总长度	≤150mm	钢直尺
4	擦伤、划伤处数量	≤4	观察

5.1.3　玻璃温室施工注意事项

（1）玻璃应贮放在干燥、隐蔽的场所，远离水和阳光照射。尽量立放，放在木制或橡胶垫的架子上。叠放时，应在玻璃之间垫上一层纸，以防再次搬运时，两块玻璃相互吸附在一起。禁止玻璃之间进水，因为玻璃之间的水膜几乎不会蒸发，会吸收玻璃的碱成分。同时应保证搬运道路畅平，高、宽要留有余地。

（2）安装前必须制订合理的施工技术方案，施工单位要建立各道工序的自检、交接检和专职人员检验的制度，并有完整检查记录。每道工序施工完成后，应按要求进行检查验收，合格后再进行下道工序。雨雪天禁止施工，施工现场风力5级以上时不能进行玻璃的搬运与安装。

（3）在搬运玻璃之前，查明玻璃边缘是否有容易造成破裂的伤痕和裂纹。在施工过程中，不要让玻璃碰上坚硬的物体，不应在玻璃下面垫坚硬的物体，可垫上木块或橡胶垫。避免焊接火花落在玻璃上，也应防止涂料、砂浆的污染。在一天内若有部分玻璃未安装完，应在已经安装的玻璃上写字或贴纸，以防撞击。

5.2 塑料薄膜

5.2.1 塑料薄膜安装前注意事项

（1）塑料薄膜安装应在温室主体结构分项工程安装验收合格后进行。

（2）塑料薄膜、卡槽、卡簧、压条、压膜线等安装所需的构件质量要符合设计要求，且塑料薄膜接触面构件上的毛刺要及时清除，保证接触面光滑、防腐层完整。

（3）塑料薄膜按设计要求裁剪或焊合后，要缠卷到表面无毛刺的钢管、木棒或纸管上，按不同规格分类包装并放置，缠卷塑料薄膜的钢管等的两端应至少各长出塑料薄膜20cm，薄膜焊缝要平整、连续。

（4）塑料薄膜应保存在遮阳、干燥处，不得日晒雨淋，存放地严禁烟火，存放期不应超过6个月。在冬季安装塑料薄膜时，应在室温下放置2～3d。

5.2.2 塑料薄膜安装所用构件

薄膜安装常用的构件包括卡槽、卡簧、压条、压膜线等。

（1）卡槽　是安装在温室骨架或墙体上，用于固定塑料薄膜的槽型型材，按材质可分为热镀锌钢板卡槽和铝合金卡槽。卡槽的长度分为2、3、4、6m，厚度分为0.5、0.6、0.7mm。

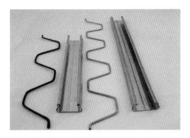

图5-5 固定薄膜用卡簧、卡槽

（2）**卡簧** 安装在卡槽内，是用于固定塑料薄膜的波形弹性构件。卡簧材质为弹性钢丝，常规2m一根，生产工艺有浸塑和包塑两种，普通浸润壁薄，好的浸润壁厚且使用时间长。图5-5为温室固定薄膜常用的卡槽、卡簧。

（3）**压条** 是安装在卡槽压条座内，用于固定塑料薄膜的条形金属或塑料型材。压条座安装在卡槽内，是用于保护塑料薄膜、固定压条的金属或塑料型材。

（4）**压膜线（图5-6）** 是安装在塑料薄膜外侧，用于压紧和辅助固定塑料薄膜的圆丝或扁带。压膜线是用树脂尼龙为原料加工而成，高强度压膜线内部会添加高弹尼龙丝、聚丙丝线或钢丝，抗拉性好，抗老化能力强，对塑料薄膜的压力均匀。

图5-6 压膜线

5.2.3 塑料薄膜安装技术要求

（1）**卡槽安装要求** 卡槽沿构件长度方向布置，一般置于其固定构件宽度的中部，除圆管等特殊情况外，卡槽边沿不应超出其固定构件的边沿。卡槽对接缝隙不应大于2mm，对抗风力要求较高的温室宜选用缩口卡槽或卡槽连接片（图5-7）连接。

卡槽端部2cm之内至少有1个固定点，中部每100cm至少有1个固定点，固定点应均匀布置，并保证卡槽和骨架（构件）牢固连接。

温室的骨架一般为热镀锌方钢管或圆管，卡槽与骨架的连接可用自
攻自钻螺丝或抽芯铆钉连接（图5-8）。

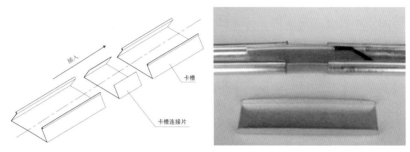

图5-7　卡槽连接件

图5-8　卡槽与骨架采用自攻自钻螺丝固定

　　在壁厚小于2cm圆管上安装卡槽时，应采用专用连接卡具固定
（图5-9），不应将卡槽直接用铆钉、自攻自钻螺钉或螺栓固定在圆管上。

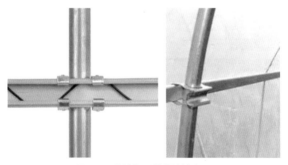

图5-9　卡槽与圆管的连接卡具

卡槽现场截断时，应避免倾斜切口，垂直切口的垂直度偏差不宜大于1mm，且切口应打磨光滑。一条卡膜线上的卡槽必须按设计连续安装，不得断续安装。交叉处卡槽不应斜口对接或搭接，不得在卡槽侧壁上开槽，对接处应保持表面齐平。卡槽安装应牢固、平整，不得有明显的扭曲等变形或松动。设计有卡槽密封要求时，卡槽下的密封垫条应饱满、连续，卡槽与构件的固定点应适当加密。设计卡槽同时作为纵向系杆使用时，必须保证卡槽每个接头的可靠连接和卡槽与主体机构构件的牢固固定。图5-10为卡槽端部与骨架采用夹箍连接。

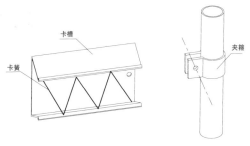

图5-10 卡槽与圆管的夹箍连接

（2）**卡簧安装要求** 卡簧两端的包塑应完整，不得将端头露尖的卡簧安装在温室上，不得将一根完整的卡簧截成若干段连续使用。卡簧必须完全镶嵌在卡槽内，并与卡槽紧密配合，卡簧连接处应保证至少2个波形段的搭接长度，且搭接段波向要相反。卡簧不得在卡槽连接处中断。采用双层卡簧固膜时，两层卡簧必须按不同波向交叉安装，且两层卡簧不可在同一位置搭接。

（3）**压条安装要求** 压条安装应采用专用工具，必须完全镶嵌在卡槽内，并保持紧密配合，不得损坏塑料薄膜。压条对接接缝不应大于2mm，一条完整安装段的两端，压条与卡槽应齐平。现场切断压条时，应保证切口平直，并剔除毛刺。压条不应在卡槽对接处对接。对压条有自攻自钻螺钉、螺栓等固定要求时，按设计要求固定即可。

图5-11和图5-12为日光温室和塑料大棚不同部位采用卡簧卡槽固定薄膜的实例。

（4）**单层塑料薄膜安装** 塑料薄膜安装应在卡槽安装验收合格并剔除卡槽表面毛刺、清除卡槽内杂质和污物后进行，不得将破损或有表面污垢的塑料薄膜安装到温室上。塑料薄膜安装宜选择无风、

a.前屋面　　　　　　　　　　　　　b.山墙

图5-11　日光温室不同位置的薄膜固定

a.侧墙　　　　　　　　　　　　　　b.山墙

图5-12　塑料大棚不同位置的薄膜固定

无雨和光照不是很强烈的天气条件下进行，气温过高或过低时不宜作业。安装现场需要配置消防设施，禁止烟火，并安排负责消防工作的负责人。

　　塑料薄膜安装顺序应为先侧墙（山墙），后屋面；对于墙体或屋面分段覆盖塑料薄膜时，应先下部，后上部。对有卷膜开窗的墙面或屋面，安装次序应为先固定部位，后活动部位。每个安装单元可以分为若干安装工段，一次完成，不宜分为若干时段、分期安装。安装过程应该有专门的支架支撑，不能将塑料薄膜放在粗糙不平的地面上拖拽，不能在已经安装的塑料薄膜上放置工具或其他物品，更不能在塑料薄膜上行走。安装时要注意塑料薄膜的正反面，不得装反，塑料薄膜固定边必须安装在卡槽内，并使边沿超出卡槽2cm以上，且裁剪整齐。相邻两个平面内的两张塑料薄膜，用两组卡槽分别固定时，边沿连接处至少应有一张膜的边沿压入另一张膜的卡槽内，用一条卡槽两层卡簧分别固定时，应分层固定塑料薄膜，并使两层卡簧的波向相反，压膜的次序以保证顺畅排水为原则。

塑料薄膜安装后应保持张紧平整，不得出现明显的皱褶，若由于施工不当造成薄膜孔洞或裂口时，裂口长度不得超过5cm或孔洞面积不得大于1cm^2，且在每300m^{2}表面内不得多于1处，并要用薄膜专用粘补胶带双面对接修补好，不得有漏水现象存在，否则应更换薄膜。对于扒缝通风的温室，扒缝处塑料薄膜应搭接，搭接尺寸以20～30cm为宜，且按排水方向将水流上游的薄膜安装在水流下游薄膜的外侧。

卷膜轴上安装的塑料薄膜，至少要在卷膜轴上缠绕2圈，卡具应按设计要求牢固固定塑料薄膜，不得将损坏或失效的卡具安装在卷膜轴上。

（5）压膜线安装要求 固定膜上的压膜线应平行布置在支撑塑料薄膜的相邻两平行构件的中部，活动膜上的压膜线可采用与卷轴垂直或交叉方式布置（图5-13），压膜线两端采用八字簧（图5-14）固定。

图5-13 压膜线交叉布置

图5-14 八字簧固定压膜线

在一条压膜线的两个固定端之间不应出现搭接接头，压膜线的两个固定端应固定牢固，并留出50mm以上的余量，固定膜上的压膜线应压紧塑料薄膜，活动膜上的压膜线应保持一定的松紧度。一根压膜线同时固定活动膜和固定膜时，可分别固定或统一固定，但必须保持固定膜段压膜线压紧，活动膜上压膜线有一定的松紧度。扁平压膜线应平整紧压在塑料薄膜上，不得出现扭拧现象。图5-15和图5-16分别为日光温室和塑料大棚已安装好的压膜线。

图5-15　日光温室压膜线

图5-16　塑料大棚压膜线

压膜线的固定是根据温室骨架的疏密程度来确定压膜线的间距，一般为1～2m。日光温室中压膜线的一端绑在后屋面上的铅丝上（图5-17），另一端直接固定在地锚上（图5-18）。塑料大棚的压膜线是直接固定在东西两侧的地锚上。

图5-17　日光温室压膜线在
　　　　　后屋面固定

图5-18　地锚固定压膜线

（6）塑料膜与卷膜轴的连接　塑料大棚、日光温室和连栋塑料温室一般采用卷膜自然通风，需要在顶部及侧部设置卷膜通风窗，塑料膜与卷膜轴的连接是通过塑料膜卡实现的。塑料膜卡按照卷膜轴的外径分为$\Phi 20mm$、$\Phi 22mm$、$\Phi 25mm$、$\Phi 32mm$多种规格，一般膜卡的安装间距$0.3 \sim 0.5m$。

固定塑料膜时将塑料膜沿卷膜轴扯平，由卷膜轴中部向两边安装膜卡或扣板，注意塑料膜不要过度绷紧，更不要起皱。安装完全部膜卡后应试运转卷膜器，如发现卷膜轴出现弯曲，应重新调整膜卡的位置，直至调直。

5.2.4 双层充气膜温室薄膜安装

（1）**温室特点及应用** 双层充气膜温室起源于20世纪60年代的美国，由于其显著的节能效果、低廉的造价和简单的构造，很快在世界范围内得到了推广和应用（图5-19）。我国在20世纪90年代大量从国外引进温室，其中包括不少这种形式的温室。从运行效果看，虽然双层充气膜温室的透光率较单层塑料膜或单层玻璃温室有所降低（降低一般不足10%），但对于我国冬季耗能较大的北方地区，其节能的优点仍然是非常突出的。双层充气温室是一种节能型温室，对采用不加温温室的地区，比单层塑料膜温室（大棚）的春提早和秋延后时间会延长半个月左右。因为没有加温系统补充热量，这种温室只能起到延缓温室散热的作用，使温室内的温度变化不像单层塑料膜温室那样剧烈，但与日光温室相比，由于其保温能力要差近一个数

图5-19 双层充气膜温室

量级，所以，在北方地区越冬还必须配置加温系统。

（2）**双层充气膜选择** 选择双层充气温室用塑料膜必须保证有足够的强度、耐老化、无滴、高透光和抗紫外线，一般要求塑料膜的使用寿命在3年以上。近年来，在双层充气塑料温室上常用的塑料膜为三层复合聚乙烯（PE）膜或聚醋酸乙烯（EVA）膜。如果是单幅膜，一般要求温室内侧膜至少要用0.1mm厚膜，温室外侧膜用0.15mm厚膜；如果是双幅膜，为保证外侧膜的需要，要求膜的厚度在0.15mm以上，市场上0.20mm厚的膜在双层充气温室上也有大量

的应用。双层充气膜温室的塑料膜单层透光率必须大于90%，透光率年衰减不得大于2%。配套塑料膜使用的胶带是双层膜必需的，因为双层充气膜一旦出现劈裂或漏气，必须及时补修，否则由于充气泵的压力和流量有限，难以长时间维持层间压力，势必会破坏整个隔热空气层，造成保温系统失效。

（3）双层充气膜固膜卡具　从温室结构上讲，双层充气温室与单层塑料膜温室的主要区别在于塑料膜的固膜构造。单层塑料膜温室一般用卡槽和压膜线来固定薄膜，而双层充气温室不用压膜线，只在塑料膜的四周固定，靠气泵或鼓风机来支撑塑料膜，使内层塑料膜紧贴温室骨架，外层塑料膜靠气压与内层塑料膜隔离，从而形成空气夹层产生保温作用。由此也看出，双层充气膜的固定主要在塑料膜的四周，要求固定牢固不漏气。传统的单栋大棚用卡簧卡槽固膜技术，虽然也能牢固固定塑料薄膜，但一般达不到不漏气的效果。双层充气膜的固膜卡槽为双层膜专用卡槽（图5-20），较普通单层膜卡槽更深一些，可较好地达到不漏气的目的。用铝合金型材或注塑件做固膜卡具，将塑料膜光滑地固定在卡具上，既保证了可靠固定，又避免了割破或划坏塑料膜，是双层充气膜温室最常用的固膜方式。当然，用这种卡具固定单层塑料膜也同样有效，而且效果很好。

图5-20　双层充气膜卡槽

（4）充气泵的安装与运行　双层充气塑料膜温室应使用温室专用充气泵（图5-21），它具有功率小、能耗低、可连续运转、噪声小、工作可靠的特点。对于双层充气薄膜，一般要求层间空气压力不超过60Pa。对于1 000m²温室面积，用一台30W的离心风机，最大输出静压保持在250Pa，一般可满足要求。在上膜之前应先安装好充气泵，在

图5-21　充气泵

充气泵的进风口安装一块挡流板，用于调节风机的流量和层间空气的压力。充气泵与内侧塑料膜间的连接，可用帆布、塑料或镀锌铁皮，做成直径为10cm的波纹管。为避免充气泵导流管出口空气直接吹袭外侧塑料膜，在导流管出口处设置边长为20cm的方形导流板，将充气泵的鼓风直接吹向该导流板，再扩散到薄膜间层中。

调节空气压力的方法比较简单，当进风口安装在室内时，可利用充气泵进口处的挡流板来调节风量和薄膜层间的空气压力；当进风口安装在室外时，可利用时间控制器调节充气泵工作的时间，以达到调节风量和压力的作用。层间压力可利用简单的U形管气压计进行测量，维持适当的层间压力以保证塑料膜和充气泵的正常使用。

如果双层充气塑料膜温室顶部设置通风窗，一定要根据层间压力（一般为30～50Pa，最多不超过60Pa）计算开关窗过程中骨架及开窗齿条的受力，以避免由于充气的原因造成骨架受力变形。

充气膜层间的空气尽量引自室外，这样可以减少外层塑料膜上凝结水滴，增加温室透光率，也可以避免凝结水在温室内层膜上积水，形成水兜，损坏薄膜。充气泵应避免安装在冷凝水集中的地方，如天沟下方、横梁下方等位置，以免充气泵电机被水淋湿，造成电机烧毁。具体安装方法见图5-22。

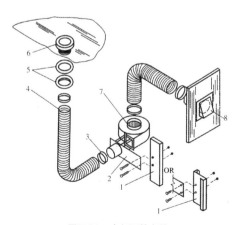

图5-22　充气泵的安装

1.温室骨架；2.出风口法兰；3.喉箍；4.引风软管；

5、6.夹紧垫片；7.充气泵；8.进风口雨斗

5.2.5　塑料薄膜的安装注意事项

（1）温室结构中的钢和金属线应该电镀，确保不使用弄脏的和生锈的构件。

（2）不要在土地上拖拽薄膜卷，防止薄膜破裂。在打开薄膜卷的时候要检查土地状况，避免物体刺破或划伤薄膜。

（3）保证薄膜有统一的松紧度，以防止其与构件有摩擦和撞击，但不应该绷得太紧，否则会在寒冷的季节由于收缩或堆积雨雪而造成破裂。

（4）如果无法避免薄膜与构件直接连接，则必须在连接处涂抹丙烯酸乙烯基树脂，不涂抹混合的有机溶剂。

5.3　PC板

5.3.1　PC板安装前注意事项

（1）PC板安装，应在钢结构和铝合金型材等分项工程安装验收合格后进行。认真检查PC板裁剪尺寸，检查板材膨胀预留量，确认合格后才允许安装。

（2）板材安装在铝合金型材上，要特别注意留出足够、均匀的膨胀间隙。总膨胀间隙为PC板膨胀系数与当地年内温差、板材长度的乘积。

（3）PC板各边缘要光滑，无毛刺及其他的粗糙现象。

（4）用透气或不透气胶带密封前，要把板材内所有孔道内的杂质吹出去。板材安装前要检查胶带有无损坏，发现损坏的胶带一定要更换。

5.3.2　PC板裁割

PC板长度尺寸可根据要求定做，但由于温室安装现场存在误差等原因，实际定做的长度需要有一定的余量，在安装的时候再进行板材的裁割。如图5-23所示，不同结构形式的PC板温室对应的板材尺寸不一样。

PC板一般采用旋转刀具裁割，裁割后应随时用压缩空气将切割产生的屑从板材的槽缝隙中吹走。裁割完毕要用防尘胶带封边。根据安装后板材端部孔道朝向选择相应类型的防尘胶带，防尘胶带分为透气胶带和不透气胶带两种。

图5-23　PC板温室

5.3.3　PC板连接与安装

（1）PC板的对接　　PC板与温室骨架的连接一般通过专用铝合金型材、橡胶密封件来固定。铝合金型材的设计需要遵循通用性、密封性、外表美观、成本低廉的原则，但相对玻璃温室，铝合金型材的结构要简单一些，往往在实际安装中要简化安装方法。

PC板的对接有2种方法：① 采用H形塑料夹与板固定（图5-24）；②采用铝合金型材与板进行连接（图5-25）。前者连接方式简单且不影响遮光，但板材可换性差且对接处强度低，不能承受较大的载荷，因此不适于温室的屋面。后者结构复杂，由上盖板和下托板及橡胶条组成，上盖板和下托板为铝合金型材，其连接强度和密封性均比第一种好，且上下铝合金型材采用自攻螺丝钉连接，安装方便。PC板对接铝合金型材与温室骨架的固定，只需要将下托板用自攻钉或抽芯铆钉固定在骨架上即可（图5-26）。

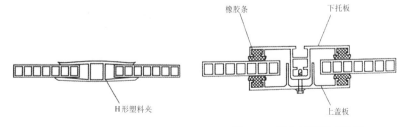

图5-24　H型塑料夹与板对接　　　　图5-25　铝合金型材与板连接

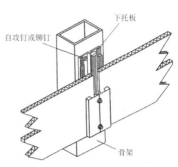

图5-26　对接型材与骨架连接

　　（2）拐角处PC板的连接　墙面拐角处用拐角型材和橡胶密封条组成（图5-27），安装时将橡胶密封条预先安装在铝合金型材的凹槽中，将拐角型材用自攻钉固定于温室立柱上，然后将两侧的PC板插入到铝合金型材中，PC板放平后塞入另一根密封条。

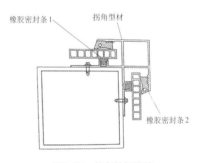

图5-27　拐角处板连接

　　PC板温室不同部位的安装相似，铝合金型材的结构设计可能会有不同，但良好的密封性、安装的便利性是设计合理的关键。

　　（3）PC板材与结构的固定　PC板两侧与板对接铝合金型材分别连接，板中间采用自攻钉、大帽垫和方形橡胶垫与骨架连接（图5-28）。自攻钉沿着横梁或檩条的固定间距为500mm，固定板材的檩条或横梁间距不大于1 300mm，以保证板材受力均匀，不易变形。另外，在用自攻钉连接时，板材上孔径应大于钉子直径，直径差

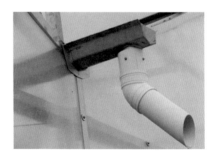

图5-28　PC板固定在骨架

约1.6mm。图5-29为PC板温室的安装现场。

图5-29　PC板温室安装现场

5.3.4　PC板使用和安装注意事项

（1）认清板材表面防紫外线的一面并把该面朝外安装，绝不允许把防紫外线的一面朝内安装。

（2）安装时要把板材四周的保护膜揭起30～50mm，不要让型材夹住保护膜；但也不可揭起太多，以免操作不慎损伤板面。

（3）自攻钉拧紧时用力要均匀，并要认真检查，确保型材真正压实板材。在板材的施工中不得随意使用密封胶，当发现安装缺陷时，在可能发生渗漏的部位，可以采用密封胶进行弥补。

（4）板材安装完毕要求立即揭掉保护膜。如因施工特殊要求保护板面，也须先揭掉保护膜，后重新覆盖。

5.4　PC波浪板

5.4.1　PC波浪板基本类型和规格

PC波浪板常见的形状按波形可分成梯形和正弦波形。板材规格因生产厂家不同而有所差异，一般常见的规格为宽0.86、1.26、1.87m，长1～11m，厚度0.8～1.1mm。温室施工前可跟板材生产厂家咨询，以进行合理的温室设计和使用。

5.4.2　PC波浪板安装前处理

（1）**PC波浪板的裁割**　主要使用电锯，锯片应锋利。裁割时应将板材固定到工作台面上，避免震颤。

（2）PC波浪板的钻孔 板材钻孔应采用标准的高速钢或硬质合金头的麻花钻，钻大孔可用带一定角度的楔形钻头。钻孔时必须把板材夹牢，在钻孔的正下方放置支撑垫块，以避免震动，保证钻孔的尺寸。

钻孔的直径应大于紧固钉的直径，以适应板材的胀缩，直径差一般为1.6mm，钻孔与板材边缘的距离不得小于孔径的2倍。

5.4.3　PC波浪板的固定安装

在温室迎风处，必须将波浪板每隔一个波峰或波谷固定在骨架上，在脊部或檐沟处须将波浪板边缘上每一个波峰或波谷固定在骨架上。

用于紧固波浪板的螺钉或铆钉应附加氯丁橡胶垫，紧固点若在波谷，须在板与骨架之间加另一橡胶垫，使它们隔开（图5-30）。紧固点若在波峰，则须使用"无滴漏衬套"垫在波峰内面作支撑，或使用"无滴漏套管"支架支撑于波峰内面（图5-31）。

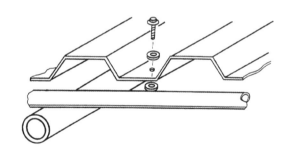

图5-30　波浪板固定方式之一

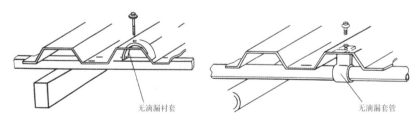

无滴漏衬套　　　　　　　　　　　　　　　　　　　无滴漏套管

图5-31　波浪板固定方式之二

波浪板之间的横向搭接用大翼缘铝铆钉或自攻螺丝和自卡叠盖紧固器，沿板材长度方向的铆钉间距为200～300mm。横向搭接一个波浪的宽度，纵向搭接上下板材重合长度不小于7～10cm。具体搭接方法见图5-32。

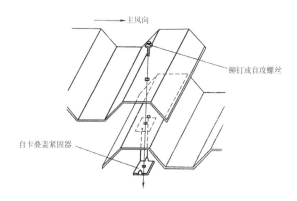

图5-32　波浪板横向搭接

板材与屋脊帽连接处应用发泡的密封条密封，其他端部密封方式相同。

5.4.4　PC波浪板安装注意事项

（1）安装时必须把抗UV层的一面朝外安装。

（2）安装定位时，必须使肋的方向与檩垂直。

（3）板材最小冷弯半径为4m。

（4）板材接地安装时，为考虑经济性、安装方便性和防止虫害，应埋入地表以下100～150mm。

6 温室透光覆盖材料维护保养

6.1 玻璃的维护保养

玻璃温室在使用过程中为了降低玻璃的破损率，保证玻璃的使用寿命和在使用期间正常发挥功用，在整个施工过程中和安装完成后，应对玻璃进行适当的维护与保养。

玻璃温室多用于花卉和蔬菜等作物的生产，玻璃在没有污染的状态下，温室内采光充分，适宜作物的生长和发育。随着使用时间的推移，玻璃表面易受到烟雾粉尘等的不断污染，使得玻璃透光性能不断下降，从而影响温室使用。因此，在温室生产使用过程中，应根据受污染的程度，适时清洗玻璃覆盖表面，保证温室的正常采光和作物的正常生长。

6.2 薄膜的维护保养

温室薄膜在使用过程中，在光、热、机械、化学药品、微生物等的作用下，会产生由软生硬、透光性能下降等不良现象，薄膜颜色也渐渐由本色变为棕黄色，最后甚至用手一搓就成碎片，这种现象称为薄膜的老化。薄膜耐老化的时间越长，它的使用寿命也越长。薄膜耐老化的性能，决定于薄膜配方和加工成型技术，但同样的薄膜在相似的气候环境中，由于使用和养护方法的不同，耐老化的时间也不一样。正确使用和妥善养护是延长温室薄膜使用寿命的两个重要环节。薄膜在使用中需要注意以下几点。

（1）在薄膜的整个使用期间，应该安排专人管理，如发现骨架断裂、雨后积水、绳子松脱、薄膜穿孔等情况，都应及时维护和修补。在一些拐角或需要固定的地方，应该着重注意对膜的保护。如果薄膜出现松弛的情况，应及时将其拉紧，松弛的薄膜在大风的作用下很容易破裂。

（2）在温室内对作物喷洒农药时，要尽量避免把农药喷洒在薄膜上，薄膜使用完毕后，也不要和农药同仓贮存。薄膜要贮存在阴凉通风的仓库中，不要露天贮放和接近热源。成卷保管的大棚膜，要避免受重物堆压，要防止鼠咬虫蛀。有条件的地方，薄膜最好集中贮存，由专人保管，标明使用日期。

（3）夏季要做好薄膜的防晒工作，如果骨架是金属，应注意金属温度对薄膜造成的损害。冬季要做好薄膜的防冻工作，低温容易造成薄膜破裂。同一温室尽量使用同等新旧程度的薄膜，以免新的被旧的腐蚀。温室通风时，卷膜应小心谨慎。及时清理薄膜上的垃圾，避免锐利物品划破薄膜。清洗薄膜时，尽量使用软毛刷，清洗时水压不要太大，对温室薄膜的各个区域逐一进行清理。

（4）薄膜出现小的裂口或者小孔时，应及时对其进行修补，避免造成更大的裂口。常见的修补方法有水补法、纸补法、糊补法、线缝法、热补法和胶补法。a.水补法：是先把破损处擦洗干净，剪一块比破损地方稍大的无破洞的薄膜，蘸上水贴在破洞上，排净两张膜之间的空气，按平即可。b.纸补法：一般用在农膜轻度破损，用纸片蘸水后趁湿贴在破损处，一般可使用10d左右。c.糊补法：是用面粉加水做糨糊，再加入相当于干面粉重量1/3的红糖，稍微加热后即可用来补膜。d.线缝法：质地较厚的农膜发生破损，可用线缝法修补，即先把旧膜洗净擦干，再剪一块质地相同的薄膜盖在上面，用针或缝纫机像补衣服一样在破洞处补上一块，或把断裂处缝起来。e.热补法：采用烙铁或电烙铁进行，这种方法仅适用于聚氯乙稀薄膜。修补时把薄膜铺在平整的桌面上，剪一块比破洞略大一点的同质地的农膜，先用湿布把两者相接的地方彻底擦干净，再用干布擦干，擦干后把薄膜铺在破洞上，再将一张稍厚的玻璃纸放在上面，用电烙铁在玻璃纸上面轻轻地移动，使接口处薄膜受热溶化，等到冷却以后，两层薄膜就粘在一起了。f.胶补法：采用有机溶剂环乙酮（六碳酮）进行修补，最好买专门用来修理和补膜的胶水，先把接口处擦干净，用毛笔涂上胶水，晾2～3min，把作补丁的薄膜贴上，过2h粘牢后就可使用。

（5）避免作物、灌溉、暖气管路等设备与薄膜接触。

（6）限制杀虫剂、除草剂、生物处理制品的使用量，对作物使用杀虫剂，防止喷在薄膜上。使用杀虫剂后，尽快对温室进行通风处理。

（7）在使用土壤化学消毒时，换下的薄膜上面堆放适量的土，防止喷洒消毒剂对塑料造成伤害。

6.3 硬质塑料覆盖材料的维护保养

6.3.1 运输和储存

中空板在运输时应小心轻放，妥善衬垫包装。注意保持运输车厢内清洁，防止对板边和保护膜的擦伤和损害。大部分厂家的中空板宽度为2.1m，在长度方向上可以根据客户要求，定尺加工。考虑卡车长度限制，一般在12m之内。中空板应存放在室内，避免长期存放于日光直晒和雨淋的地方，室内应通风良好，清洁无尘。

6.3.2 清洗及注意事项

中空板的清洗应按照一定的方法，选择适宜的工具正确地定期清洗，延长中空板的使用寿命。板面切勿接触碱性物质及有侵蚀性的有机溶剂，如碱、碱性盐、胺、酮、醛、酯、醚、卤化烃、甲醇及异丙醇等。如果板面有油脂、未干油漆、胶迹等，可用蘸有无水酒精、煤油、汽油的软布擦掉。

小面积板材可直接采用温清水（60 ℃以下）冲洗，或用中性肥皂或家用洗涤剂兑温水冲洗，用软布或海绵去除灰尘和污垢，也可用冷水冲洗并在干后用软布擦除水干后的斑点。大面积板材应采用高压水或蒸气清洗表面，水中的附加物应与中空板相容。清洗时注意不要打磨或用强碱清洗中空板，不要用干硬布或硬刷子擦表面以免产生拉毛现象，不要用丁基溶纤剂和异丙醇溶液来清洗防紫外线的中空板。

主 要 参 考 文 献

曹楠, 林聪, 王宇欣, 等, 2004. PETP薄膜保温特性的试验研究初报[J]. 农业工程学报 (4): 242-245.

陈青云, 原园芳信, 吉本真由美, 1997. PO和PVC薄膜温室的光温环境及其与薄膜流滴性的关系[J]. 农业工程学报 (1):136-140.

陈雪英, 2017. 我国温室覆盖材料应用现状及发展方向[J]. 河北水利 (5):20.

邓银国, 2004. 科学选用有色膜[J]. 当代蔬菜 (3): 36.

丁世义, 1998. 聚乙烯保温膜的研制[J]. 合成树脂及塑料 (4): 32-36.

丁世义, 刘丽娜, 1997. 聚乙烯防雾长寿膜的研制及应用[J]. 合成树脂及塑料 (3): 42-45.

董仁杰, 吕钊钦, 齐刚, 等, 1993. 蜂窝塑膜温室覆盖材料性能试验研究[J]. 山东农业大学学报 (1): 30-36.

董蔚, 2016. 现代温室工程的覆盖材料[J]. 农村·农业·农民(A版) (12): 58-59.

江湘芸, 1998. 新型建筑采光材料——聚碳酸酯板[J]. 建材工业信息 (6): 41-42.

寇尔丰, 邓沛生, 宋世威, 等, 2018. 转光膜在设施园艺生产中应用的研究进展[J]. 北方园艺 (1): 155-159.

黎永生, 2011. 高透明韧性有机玻璃的研究[D]. 南昌: 南昌航空大学.

李大成, 2006. 玻璃纤维增强热固性塑料性能分析及在汽车工业的应用[J]. 安徽职业技术学院学报 (2): 4-6.

李东星, 周增产, 杨夕同, 等, 2015. 减反射高散射玻璃对番茄品质的影响研究[J]. 农业工程技术 (28): 39-41.

梁根海, 刘雄亚, 1989. 改性聚丙烯酸酯类透光玻璃钢光学性能的研究[J]. 玻璃钢/复合材料 (4): 36-39.

林彰银, 2016. 热固性塑料的性能分析及其在建筑外墙中的应用[J]. 塑料工业,

44(10): 134-137.

刘元驰, 晏伟, 郜辉宇, 等, 2021. 长玻璃纤维增强聚丙烯合金的性能与翘曲研究 [J]. 塑料工业, 49(6): 60-65.

卢民娟, 2014. PVF薄膜热分解特性及粘接性能研究 [D]. 北京: 北京化工大学.

鲁纯养, 1994. 农业生物环境原理 [M]. 北京: 农业出版社.

马承伟, 苗香雯, 2005. 农业生物环境工程 [M]. 北京: 中国农业出版社.

米庆华, 李纪蓉, 2001. 消雾型农用无滴膜在蔬菜生产上的应用 [J]. 中国蔬菜 (2): 51.

齐刚, 董仁杰, 刘道启, 1992. 一种温室覆盖新型材料蜂窝塑膜 [J]. 北京农业工程大学学报, 12(1): 52-56.

沈水静, 2019. FRP采光板在钢结构屋面中的应用分析 [J]. 中国建筑防水 (S2): 36-39.

覃密道, 马承伟, 刘瑞春, 2005. 热箱法测定园艺设施覆盖材料传热系数的研究进展 [J]. 农业工程学报 (2): 183-186.

王蕊, 杨小龙, 马健, 等, 2016. 温室透光覆盖材料的种类与特性分析 [J]. 农业工程技术, 36(16): 9-12.

王小满, 1999. 农业用塑料薄膜耐老化性能测试技术 [J]. 聚氯乙烯 (2): 62-64.

王旭磊, 李法仁, 2011. 新型材料ETFE膜的建筑用途及前景 [C]. 土木建筑学术文库 (15):208-209.

王宇欣, 李丹春, 黄斌, 等, 2020. DRP温室透光覆盖材料性能表征研究 [J]. 农业机械学报, 51(4): 320-327.

邢荣, 2016. 聚碳酸酯中空板性能评价与选择要点 [J]. 农业工程技术, 36(16): 22-25.

徐嘉欣, 滕达, 林子旋, 2019. 亚克力板材的市场应用 [J]. 营销界 (43): 184, 186.

燕秀凤, 2004. 大棚无滴膜好坏巧鉴别 [J]. 农业知识 (20): 26.

杨春玲, 孙克威, 姜戈, 2005. EVA薄膜在日光温室蔬菜生产中应用效果的研究 [J]. 北方园艺 (4): 22-23.

于福才, 2015. 国内聚甲基丙烯酸甲酯(PMMA)的生产及市场 [J]. 内蒙古石油化工, 41(Z1): 63-65.

余亚军, 张天柱, 2000. 新型连栋双层充气薄膜温室在保温节能方面的技术进展 [J]. 农业机械 (11): 14-15.

云箭, 王小满, 1998. PVC压延农膜在北方越冬日光温室上的应用[J]. 聚氯乙烯 (4): 29-32.

张春和, 2011. 温室覆盖材料F-CLEAN薄膜的性能和应用[J]. 农业工程技术(温室园艺) (4): 50-52.

张根源, 2020. PVC造型在建筑装饰材料在建筑上的应用[J]. 居舍 (21): 21-22.

张俊芳, 马承伟, 覃密道, 等, 2005. 温室覆盖材料传热系数测试台的研究开发[J]. 农业工程学报 (11): 149-153.

张义乐, 2017. 玻璃纤维增强聚丙烯复合材料性能及应用研究[D]. 广州: 华南理工大学.

赵驰鹏, 纪冰祎, 刘家磊, 2022. 农用转光膜的发展困境及对策研究[J]. 农业经济 (2): 37-38.

郑丽芳, 2014. 温室覆盖材料发展趋势与最新科技[J]. 中国园艺文摘, 30(7): 214-215.

周长吉, 1999. 双层充气塑膜温室经济技术评价[J]. 农业工程学报 (1): 165-169.

周长吉, 2010. 现代温室工程（第二版）[M]. 北京: 化学工业出版社.

周长吉, 周新群, 2004. 温室透光覆盖材料流滴性测试方法[J]. 农业工程学报 (6): 233-236.

周吉凤, 王祥勇, 檀根甲, 等, 2001. 无滴膜对棚室生态及蔬菜病害的影响[J]. 安徽农业科学 (4): 516-519.

周新群, 周长吉, 2004. 温室透光覆盖材料流滴性测定方法——倾斜面上滞留水滴面积比法中检验指标的确定[J]. 农村实用工程技术(温室园艺) (11): 20-21.

周新群, 周长吉, 2006. 温室透光覆盖材料技术标准研究[J]. 农业工程技术(温室园艺) (6): 14-17.

图书在版编目（CIP）数据

温室透光覆盖材料选择与应用 ／ 何芬主编．—北京：中国农业出版社，2022.9
（设施农业技术系列丛书）
ISBN 978-7-109-29948-1

Ⅰ.①温… Ⅱ.①何… Ⅲ.①温室－覆盖物－透光度－研究 Ⅳ.①S625

中国版本图书馆CIP数据核字(2022)第163052号

中国农业出版社出版
地址：北京市朝阳区麦子店街18号楼
邮编：100125
责任编辑：周锦玉
版式设计：杜　然　责任校对：沙凯霖
印刷：北京通州皇家印刷厂
版次：2022年9月第1版
印次：2022年9月北京第1次印刷
发行：新华书店北京发行所
开本：880mm×1230mm　1/32
印张：4.25
字数：110千字
定价：35.80元